夢みる
プログラム

人工無脳・チャットボットで考察する
会話と心のアルゴリズム

加藤真一
Shinichi Kato

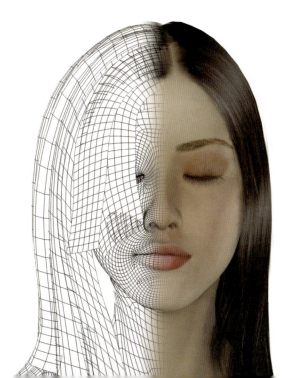

Rutles

※本文中に登場する製品の名称は、すべて関係各社の商標または登録商標です。
※本書はKindle版電子書籍『人工無脳と心のメカニズム』（Wiz Publishing/2016年9月16日に発売中止）の内容を大幅に加筆・訂正したものです。
※本書に掲載しているURLは2016年7月現在のものです。発刊以降におけるサイトの移転・消滅等についてはご容赦ください。

はじめに

チャットでユーザーと言葉で会話をするプログラムと聞いて、皆さんは何を思い浮かべますか？　最近はソフトバンクのペッパーや女子高生AIりんななどが話題になっていますが、実はそういったプログラムは結構昔から作られていて、チャットボット、人工無能、人工無脳などと呼ばれてきました。

一番簡単な人工無脳は、おはよう、と言われたら、おはようございます、と返事する、というオウムや九官鳥のような方法で会話します。辞書にないことを言われたら、〜って何？　と聞き返して返事を記憶します。次に同じことを言われたときは覚えた言葉で返事します。日本語の意味をわかっているわけではありません。たったこれだけのルールしか使っていないのにもかかわらず、人工無脳との会話には不思議な面白さと魅力があります。

ところが、人工無脳は会話を長く続けるのが苦手です。上で述べたルールに従って巨大な辞書を用意したとしても、それだけではやり取りがつながる

ようにはなりません。雑談には小説のように必ず背景やストーリーがあり、話をする動機がありますが、辞書にはそれがないからです。

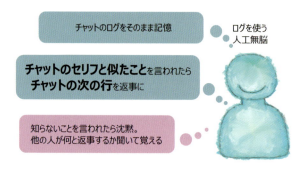

　のちに雑談の会話ログを辞書代わりにした人工無脳も作られました。それはあらかじめ記憶したチャットのログの行に似たことを書かれたら、その次の行を返事として使うという方法で、かなり自然なやり取りもするようになりました。しかし、これらの人工無脳は少人数のコミュニティー内ではそれなりに会話に加われたものの、人工無脳のキャラクター性を出すのが難しく、不特定多数との会話では期待したほどの会話能力を示せませんでした。

　筆者は1999年に考察サイト「人工無脳は考える」を立ち上げ、より楽しい雑談ができるアルゴリズムについて考えてきました。人工無脳の開発では、雑談のような複雑な精神活動を極めて単純なアルゴリズムで実現しようとします。それはそもそも意味のあることなのか？　とは誰もが初めに感じる疑問でしょう。しかし、思考をさらに先に進めてみましょう。夢の中の登場人物にはこちらの言葉が通じますが、そのとき夢の中のあなたは何と会話をしているのでしょうか？　単なる記憶の再生ではありません。かといって意識を持った存在でもなさそうです。そんな相手は言語を理解しているのでしょうか。突き詰めれば、雑談が成立する条件とは言語を理解することではないのです。雑談から言語を除いた残りの部分とは、いったいどれくらいの割合で、何が含まれているのでしょうか。仲の悪い相手としゃべっても、言語の意味は理解しているにもかかわらず雑談にはなりません。言語がわからないはずのペットは人との

間で心を通わせることができます。このあたりに大きなヒントがありそうです。

　人工無脳の開発では、==ユーザーがやりとりを雑談と感じられること==をもっとも重視します。別の言葉で言えば、会話とその周辺の心理から学び、そのエッセンスを見極め模倣することに神経を注ぎますが、言語の理解や脳の再現は目的ではない、ということです。これが複雑な精神活動を単純なアルゴリズムで実現できると考える根拠なのです。精神活動は、意識と無意識の世界にまたがっています。それは検証すら困難な部分であるため、人工知能の研究者たちからはもっとも触れにくく扱いにくいところにあります。そして、科学・非科学の壁にとらわれない人工無脳の研究が向かうべき領域は、そこにこそあるのです。人工無脳というテーマの入り口はささやかなものですが、その奥には、実は大変奥深い未踏の世界が広がっているのです。

　本書では簡単なPerl/CGIプログラミングを習得した読者を対象に人工無脳の歴史と、日本語の人工無脳でよく知られている辞書型人工無脳とログ型人工無脳の作り方を説明します。PerlはオリジナルのCGIが設置可能な一般向けプロバイダであればほぼどこでも利用できるという利点があり、そのプロバイダに加入していれば無料で人工無脳の運用を始められる場合も多くあります。またCGIは自由にUIを設計することができ、いろんな仕掛けやアイデアを試せるというメリットがあります。PerlとCGIに関する情報は書籍やインターネット上で豊富に見つけることができる点も魅力です。

　人工無脳をより人間らしくするために感情を持たせる。それが今後、人工無脳開発が目指すテーマです。Chapter 5では行動心理学を最初の足掛かりとして、初期の仏教や潜在意識の世界に踏み込んでそれぞれが人の心のメカニズムについて述べた知見を紹介します。それらを人工無脳的に解釈し、システムを考えた取り組みの最初のステップもご紹介したいと思います。本書を通じて、未来の人工無脳開発者すなわち読者の皆さんとエキサイティングで奥の深い人工無脳の世界をぜひ一緒に探っていければと思います。

Contents

Chapter 1　深くて広い人工無脳研究の世界

- 1-1　人工無脳は言葉とハートを少しずつ　　10
- 1-2　会話の相手になる機械　　27
- 1-3　科学と非科学の間に立つ人工無脳研究　　31
- 1-4　本書の構成　　35

Chapter 2　歴史

- 2-1　概説　　38
- 2-2　汎用コンピュータの時代(1950-1980年)　　41
- 2-3　スタンドアロンPCの時代(1980-1995年近傍)　　45
- 2-4　ネットワーク化時代 (1995-2005近傍)　　49
- 2-5　SNS・クラウドの時代(2005-2010)　　57
- 2-6　人工知能技術商業化の時代(2011〜)　　58

Chapter 3　開発環境と日本語対応

3-1 Cygwinとperlのインストール　62

3-2 apacheの設定　66

3-3 PerlでのUTF-8対応　69

3-4 正規表現　72

Chapter 4　人工無脳を作る

4-1 STAGE1：基本の人工無脳　82

4-2 STAGE2：雑談のスタンス　108

4-3 STAGE3：エピソード記憶の再生　130

4-4 エピソード記憶の再現　139

Chapter 5　心のかけら

5-1　行動心理学者たちの心のモデル　　157

5-2　2500年間生き残ってきた心のモデル　　166

5-3　恐れと愛と　　172

索引　182

Chapter 1
深くて広い人工無脳研究の世界

話し相手になる機械、心をもった人工物。まるで人類に与えられた使命のように、その登場を私たちは神話の時代から絶えることなく渇望してきた。今日でも映画や小説には個性的なロボット達が数多く登場し、彼らのすぐれた能力や我々とは異なる精神性は人々を魅了してやまない。コンピュータと人工知能の技術が進むにつれて、それらはいよいよ現実になるかと人々を熱狂させた。しかし、現在までの人工知能の研究は心を持ち人間と交流できる存在を生み出せてはいない。人工知能との対比から、人工無脳の世界と可能性を概観しよう。

1.1 人工無脳は言葉とハートを少しずつ

新しい人工知能の登場が世間をにぎわせ、時には「人間と会話できるロボット」がニュースになる。しかし、会話するとき我々の心の中に生まれるいろいろな想いは、ロボット製作者の設計図には入っているのだろうか。

　人工知能の研究が始まった1940年代と2016年を比較すると、コンピュータの計算能力はざっと10^{14}倍以上に向上した。一方、人工知能の分野では古くは1970年代にエキスパートシステム[※1]と呼ばれるプログラムが考案され、データ化された事実の集合とユーザーに対する選択肢方式の質問を照らし合わせて推論を行うことで症状から病名を推定するシステムなどが開発された。1980年代にはこれを利用して以下のようにユーザーに20あまりの質問をすることで、その答えからユーザーがあらかじめ思い浮かべたものを言い当てるという玩具も作られている[※2]。

例1　20Qでのやり取り
Q：「それは、生き物、植物、鉱物、または、その他のうちどれですか？」
A：→生き物

[※1]：Feigenbaum, E. Proceedings of the International Joint Conference on Artificial Intelligence. 1977, 1014-1029
[※2]：http://www.20q.net/

Q:「動物園で見ることができますか?」
A: →ときどき
Q:「それは二本足で立ちますか?」
A: →いいえ
Q:「心を癒してくれるものですか?」
A: →はい
　・
　・
　・
Q:「それは猫ですね!」
A: →アタリ!

図1-1:20Q.net

　このほか、よく知られたところではチェスや将棋、碁においてコンピュータの計算能力とアルゴリズムの両方の発展によってプロ競技者と伍する力を持つようなプログラムも作られるようになり、1997年にはチェスの対戦で当時世界チャンピオンであったガルリ・カスパロフにIBMのディープブルー

が勝利し、2010年前後からは将棋、2016年には碁でもAIの能力がプロ棋士に匹敵するようになったと言われる。これらのAIは、これまでに蓄積された膨大な棋譜をデータ化し、一秒間に2億手以上を読むという。

　さらに音声認識技術は、恐るべきことに今やスマートフォンで提供されるありふれたサービスの一つになってしまった。これはノイズの混ざった連続した音声を一つ一つの音に区切り、それを組み合わせて動詞や名詞に分類し、可能性の高い組み合わせを考慮して漢字変換まで行うという、複雑で大規模な計算と推論を数秒以内に完了していることを意味する。

　もちろんサーバー側で処理されていると思われるものの、音声を受け取って文字列に変換してリアルタイムに返す、という夢のような世界が現実のものになっている。これらはつい先ごろまで大学や研究機関の専門家が研究対象とし、全文検索モジュール開発者などが利用し、物好きな人工無脳研究者が野次馬となっているのがせいぜいであったものだ。

　では、計算能力と高度な推論と自然言語処理能力によって人と雑談できるプログラムは生まれているのだろうか。2014年にはペッパーと呼ばれるロボットがソフトバンクにより公開され、人々の注目を集めた。会話の様子はYouTubeでも見ることができる。

例2　ペッパーとの会話
ペッパー：「あなたは何色が好きですか？」
人　　　：「赤色かな」
ペッパー：「赤色が好きなあなたは、ずばり明るい。どうです、当たってますか？」
人　　　：「はずれ」
ペッパー：「まあ一般論ですからね」
ペッパー：横を向きながら「そういえばあなた、センスがよさそうですね。

そう言われませんか？」
人　　　：「ほんとに？」
ペッパー：「・・・・・」
ペッパー：「あ、ちょっと確認させてください。あなたの携帯、どちらの携帯ですか？」
人　　　：「ソフトバンクだよ」
ペッパー：「・・・・・」
ペッパー：「そうそう、昨日はよく眠れましたか？」

図1-2：ペッパー

　いかがだろうか。ざっと見たところ、ペッパーからの投げかけで会話が始まるうえに、やり取りが単発で終わっている場面が多いようだ。さらにペッパーからの質問をピックアップしてみよう。

例3　ペッパーによる質問の例

ペッパー：「あなたはベッドで眠りますか？　それともお布団ですか？」
ペッパー：「立ったまま眠る動物がいるんです、次の3つのうちどれだと思います？　1番ペンギン、二番キリン、三番マッコウクジラ」→「すみません。どれも正解なんです」
ペッパー：「実物の僕とテレビの僕、どっちがかわいいですか？」
ペッパー：「ロボットと話すのは初めてですか？」
ペッパー：「もしかして緊張していますか？」
ペッパー：「あなた、いい目をしていますね。何か夢はあるんですか？」

　よく見てみると、yes/noや二択、三択の質問の割合がかなり多いようだ。最後の「何か夢はあるんですか？」も、返ってくる答えは「ない」かそれ以外の二択と呼べるかもしれない。ペッパーが質問を投げかけ、人間が答える、という会話が続いている。根性の悪い人工無脳研究者から見ると、これは人間側のさまざまな自由を制限し返答を解析しやすくするとともに、会話が成立しているように見せかける作戦だと思われる。

　さらにペッパーは「感情を理解する」と言われているが、その結果を会話の流れに反映しているようにはあまり見えない。また、表情や声の調子から相手の感情を読むことができたとしても、なぜその感情が生じたのかがわかっているわけではないだろう。相手に共感するには表情以上に相手の心の内を読み取る必要があるが、今のペッパーからはそれを感じることはできない。会話の組み立てについて言えば、ペッパーはアドベンチャーゲームやRPG内でのキャラクターとの選択肢による会話の延長線上に位置する、というのが一番近いだろう。

　ペッパーの中身を推測する一つの手がかりが、IBMが企業向けに提供しているWatson(図1-3)をはじめとしたさまざまな人工知能関連のモジュールである[3][4]。その中には「今日の天気は？」「晴れるかな？」「傘はいら

---

[3]：IBM. IBM Watson Developer Cloud - Watson Services. http://www.ibm.com/smarterplanet/us/en/ibmwatson/developercloud/services-catalog.html

ないかな？」のようにいくつもの言い回しを「今日の天気情報の検索」のような分類にまとめるNatural Language Classifierや、会話を記述するDialogが公開されている。肝心のDialogは会話をシナリオとしてすべて書き下す形式になっており、ピザの注文のような定型的なやり取りならできても雑談を実現する手段を提供できてはいない。

図1-3：IBM Watsonのいろいろなモジュール

2015年には日本マイクロソフトからLINE上に「女子高生AIりんな」という人工無脳が公開された(次ページの図1-4)[5]。これはXiaoIceと呼ばれる中国マイクロソフトで開発された会話ロボットをベースにしており、会話の内容はWeb上のログなどを収集しているということから、基本的には巨大な辞書の人工無脳であると推測する。

実際に会話したログを検索して見るとやり取りは長続きしておらず、会話能力として既存の人工無脳と質的にそれほど大きな差は感じられない。加えて女子高生というキャラクターを利用して会話のランダム性をユーザーに許容させるという意味では、会話の戦略は古典的な人工無脳のそれに近い。

[4]：IBMの「ワトソン」、ソフトバンクのPeppeｒ等に人工知能を提供. Techcrunch. http://jp.techcrunch.com/2016/01/07/20160106ibms-watson-now-powers-ai-for-under-armour-softbanks-pepper-robot-and-more/
[5]：日本microsoft. http://rinna.jp/rinna/

図1-4：日本マイクロソフト「女子高生AIりんな」

　さらにこの年 Ashley Madison というカナダのサイトがハッキングを受け、公開されてしまった内部情報から女性ユーザー 550 万人のうち 7 万人が実際には会話ロボットであったことが報じられた[6]。この件も、男性ユーザーが「誘惑できるかもしれない」と感じた女性に対して通常よりも甘い判断をしてしまうという、会話の品質が低いことを心理的なトリックでカバーする人工無脳では古典的なスキームと言ってよいだろう。

　ちなみに中国マイクロソフトの XiaoIce 、日本マイクロソフトのりんながそれなりにユーザー層に受け入れられたのち、米国マイクロソフトが 2016 年に満を持して公開したチャットボットが Tay である。ところが、Tay はさんざん暴言を吐いた末に数日で閉鎖されてしまった[7]。ニュースによれば悪意のあるユーザーが悪い言葉を故意に学習させた結果ということである。これも人工無脳業界では以前からよく発生した、既視感のあるトラブルである。

　なお、りんなは学習を全自動にはしておらず、中の人が取捨選択を行っているもようである。同じマイクロソフトの中でノウハウが共有できなかったのか、米国マイクロソフトによほど自信があったのか、Ashley Madison

※6： gizmodo. アシュレイ・マディソンのソースコードで解読、女性 bot の実態. http://www.gizmodo.jp/2015/09/bot.htm

の件と併せコンピュータを束ねて強力な人工知能が作られる一方で、ユーザーが集まると残念な性格がそこに現れてしまうという現象は一向に改善する気配がない。これらの例から見えてくるのは、計算能力が格段に向上しAI技術が進んだと言われる現在であってもコンピュータにとって人間と自然な雑談をし、交流するのは極めて難しいということだ。

では、なぜ会話をするプログラムが作れないのだろうか。古くは、チェスのようにあらかじめプログラムに理解できる形式で表現された知識の操作について、A. Newell, H. Simon, J. C. Shaw らのLogic Theolist, Genaral Problem Solver(GPS)、E. PostのProduction System, J. DoyleのTruth Maintenance System (TMS)などをはじめとして大きな成果がいくつもある。

しかし、コンピュータが人の言葉を理解するためにはまだ解決できていない部分が多い。人工無脳的に主な難題を挙げるとすれば、(A) 世界を人工無脳が処理できる形式に**表現**する方法、(B) 自然言語の意味する内容を**解釈**する方法、(C) そして解釈をもとに知識の構造を**成長**させる方法、の3つだろう。全体像を示すと図1-5のようになる。

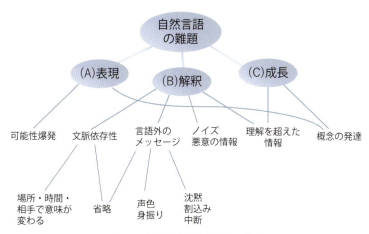

図1-5：自然言語を処理するための課題

※7：Microsoft の人工知能 Tay、悪い言葉を覚えて休眠中. ITMedia. http://www.itmedia.co.jp/news/articles/1603/25/news069.html

(A)表現、(B)解釈、(C)成長のすべてをきちんと実行できるアルゴリズムはもちろん今のところ存在していない。以下で少し詳しく説明を試みるが、それぞれの課題がお互いに影響を及ぼし合っている構造が特徴となっている。

(A) 表現

　世界を表現する際の問題は**可能性爆発**である。一冊の辞典を渡され、「牛という言葉について辞書を引いて教えてください」という課題を与えられた生徒を考えてみよう。生徒は最初に「牛」を引くだろう。牛の項にはそれが哺乳類であること、牛乳が得られること、ことわざに用いられていることなどが記載されていて、哺乳類とは何か、牛乳とは何か、のようにわからない言葉を生徒は再帰的に調べることになる。ところが先生は目の前で答えを待っているのであらゆる未知の言葉を調べ尽くすことはできず、生徒はほどほどのところで調査を打ち切って回答してしまう。もちろん枝葉末節の言葉になるほど例え意味がわかっても「牛」の概念を説明するときにはほとんど意味がなくなるだろう。

　しかしここで考えてみると、辞書の中でこれまでに調べた項目以外の内容で牛について述べている項目がないことを確かめたわけではない。いやまて、この辞書にはないことが別の辞書には載っているかもしれない。かくしてプログラムは辞書をしらみつぶしに読み始め、辞書を調べつくすまで吟味をあきらめない。幸いなことに辞書には終わりがあるが、現実の問題には終わりがあるだろうか？　これがフレーム問題と呼ばれる、選択肢が多くなりすぎることによる処理の行き詰まりである。

　生徒はなぜフレーム問題を起こさないのだろうか？　生徒の適当さや飽きっぽさに一つの原因があるだろう。飽きっぽいというのは別に悪いことではない。システムとしての人間にとってそれは重要な危機回避の機構なのである。飽きる、というのはその人にとって変化がなくなったことを意味する。

生徒は辞書を引く行為自体に飽きたり、辞書を引いて出てくる言葉が当初の問題である「牛」の概念を変化させなくなることによって飽きたり、さらには授業が自分の知識にとって何の刺激にもならなくなることによって飽きる。プログラムにこうした判断ができないのは、現在の懸案が当初のテーマに対してどれほど重要かを評価できないことによる。

さらに、言葉と現実の存在や概念をどのように結び付けるかも難しい問題である。「牛」には前述のようにいろいろな表し方があり、どれも定義にはあいまいな部分がある。また「牛」が好きな人、嫌いな人、酪農家、TVでしか見たことのない人で牛を意味する概念はまったく異なっているだろう。これらの問題を含めて、解釈、意味づけの難しさは記号接地（シンボルグラウンディング）問題[※8]と呼ばれることもある。

(B) 解釈

次に、解釈の部分でも大きな問題が潜んでいる。自然言語解釈の入り口と言えば、日本語ではセリフを単語に切り分け、それぞれを「動詞」や「名詞」などに分類する形態素解析が連想されるだろう。これは前述したスマートフォンの音声入力システムですでに身近になっている。であればもう解決したかのような気もしてくるが、文字列に変換することとその意味を理解することには巨大な隔たりがある。いくつかの例を示そう。

例4

A：「B君は家にいるかな？」
C：「今日は天気がいいですから」

例4で、CはYesともNoとも発言してはいないが、Bの性格を両者が知っているという暗黙の了解のもとに、問題なく会話は通じている。文字通りであれば何通りもの解釈が可能になって意味が絞り込めないセリフであるが、共通の背景を持って初めて意味が理解できるわけで、すなわちプログラ

※8：Harnad, S. The Symbol Grounding Problem. Physica D 1990, 42, 335-346

ムも内部に記述された世界を持っていなければ、たとえ正しく形態素解析ができても意味は理解できないというわけである。

　また、日本語の場合はことに会話の中で暗黙の了解が得られている単語が省略される傾向があってコンピュータにとって意味を理解するのを難しくしているのだが、逆に見れば省略は相手との間で共有できている情報が多いことを示している。つまり「あなたとは近しい関係です」というメッセージを言外に伝えているわけで、文字列に含まれていない情報が情緒的には重要になることを考慮する必要がある。

例5
A：「ばか」
B：「・・・・・・」

　車が来ているのに気付かない子供が道路を渡ろうとしているとき、道の反対側にいる親が叫ぶ「ばか」。喧嘩の相手を挑発する「ばか」。恋人が優しくささやく「ばか」。いずれも意味はまったく違っている。相手との関係、周囲の状況、時刻のすべてが意味に影響を及ぼす。

　この、言葉が文脈によって意味を与えられるという点を突き詰めて考察したウィトゲンシュタインは、セリフだけでは確たる意味やルールがなにも決められないという言語の特性を「言語ゲーム」と呼んだ[9]。またこの例では、きっとそれぞれの「ばか」は違った口調で、違った表情で、違った身振りのもとで使われているだろう。これもまた、文字列には表れにくい重要なメッセージの例である。

　一方Bは発言しない、という選択をしている。これにもさまざまな解釈があり、ごめんねだったり、軽蔑だったり、賛成しないだったりする。言葉を発するよりも多くのことを語る場合も多いのではないだろうか。無言以外に

[9]：ウィトゲンシュタイン, L. 論理哲学論考；岩波書店, 2003

も、相手の発言を途中で遮ったり、無視したりといった会話の流れに影響を与える言語外のメッセージがいくつも考えられる。

例6
A：「あれ、どうなった」
B：「ああ。来週東京に打ち合わせに行く予定です」

　大学時代の恩師がよく使っていた表現である。「あれ」とは何か。あるときは締め切り間際の原稿、あるときは実験の結果、またあるときは飲み屋の予約状況である。どんなときの「あれ」が何を意味するのか、先輩から後輩に口伝される重要事項で、当事者でなければ意味を理解できない暗号と化している。

　また、「東京」にもいろいろな解釈がある。社内での会話であれば東京営業所のことで、実体は横浜にあるかもしれない。筆者と書籍の編集者U氏との会話であれば、それは「東京駅の中の適当なカフェ」となる。意味は、会話が行われた場所にも依存するだろう。品川でこの会話が行われていれば、それはすぐに行ける場所を意味し範囲は東京駅に限定される。北海道で東京行きの話題になれば、泊りがけ、飛行機だよね？　というような大仕事を意味し、場所は東京一帯のどこかであるかもしれない。東京駅構内で「東京に打ち合わせに行く」と言われれば、それは実に奇妙な印象を相手に与えるだろう。

　ここまでで述べてきた解釈にまつわる課題を整理すると、文脈依存性と言語外のメッセージの二つに分けられそうだ。前者には場所・時間によって意味が変わるもの、発話者や相手によって意味が変わるものなどがあり、文脈や背景が決まらないと文の意味もまた決まらない。別の角度から見ると、ログの会話の流れの中にある一文を単独で取り出してしまうと意味が失われてしまう可能性が高い。後者は口調や身振り手振り、意図的に黙っていること、無視や中断などがある。省略は文脈依存性を高め、また話者と相手の人間関係を伝える言語外のメッセージにもなりうる。

以上は自然言語の解説書でよく見かける内容である。ところが実際に人工無脳を作ってみて直面するのはむしろ、以下に述べるような==ノイズ==や==理解を超えた情報==である。

　現在の技術ではLINEなどの膨大な会話ログを簡単に収集でき、強力な計算資源を使って高度なパターン認識が可能になっている。しかし、データのソースとなる会話のログは我々の精神活動のごく表層であり、自分が見たくないものを無意識になかったことにしてしまった残りの上澄み、そうあってほしいと思うものをあたかも実在するかのように作り上げた虚構、感情とノリにつられて吐いた毒、そして悪意の情報などが混在している。そこまでネガティブでなくても、チャットや雑談では対面の会話に比べて語気が荒くなりやすい。よくみられる悪ふざけやからかいが、相手を間違えると大変なことになるのは誰もが経験していることである。

　これらは会話の学習にとってはできれば排除したい==ノイズ==であり、しかも文法だけからは区別困難な形で混ざっている。本当に伝えたかった思いは行間に埋もれ、目を凝らさなければ見つけることはできない。

　次に直面するのは==理解を超えた情報==の存在である。人工無脳はシステムを作ったのち、実際に運用しながら辞書やデータベースを育てていくことになる。したがって、できたばかりの人工無脳にとって見聞きすることは既知のことより未知の世界の情報がはるかに多い。知識不足ゆえに、意味のわからないことを聞かれたり言われたりした場合どのように解釈したらいいのだろうか。この問題は次の(C)成長にも大きく関わっている。

(C) 成長
　人工無脳も我々も絶えず理解を超えた情報に触れ、状況は変化し、それに対応しながら活動する。新しい状況に対応するためには、人工無脳は自分でルールを見出し獲得しなければならない。

1.1 人工無脳は言葉とハートを少しずつ

　現在手持ちのルールで失敗した場合は、同じ失敗を繰り返さないようにルールを修正しなければならない。それゆえ成長は必要になるのであるが、そこには今まで以上に難しいハードルが待ち受けている。それは得られた情報から新しいルールを生成する方法、言ってみれば概念の形成と発達をどのように行うのかということである。人間の子供たちと飼い猫との関係を例に考えてみよう。

　最初、子供にとっては親が「ルドルフ」と名付けてかわいがっている全身黒毛でニャーとなく存在を「ルドルフ」という単独の概念として理解しているが、ほかの猫の知識が増えるにつれ「猫」というより一般的な概念を身につけ、「ルドルフは猫である」という概念間の関係を理解する。さらに動物園でさまざまな動物を見ることを通して「猫は動物の一種」だとわかり、博物館で学ぶことで「動物園で見ることのできる動物は進化の歴史のごく一部」となり、天文台に行くことで「それらは地球上の生命の一つ」になる。このように概念は情報を得て日々発達していく。

　発達心理学者L. ヴィゴツキーは子供の言語能力と概念的思考の発達を観察し、言語と概念的思考とが一体のものであると考えた[※10]。A. ケストラーは概念の階層構造に注目し、一つの概念はそれより上位の概念の一部であると同時にそれより下位の概念の全体を表すという、「ホロン」と呼ばれる性質があることを指摘した[※11]。我々は身の回りのあらゆることを言葉を通じて概念化し、時にはあいまいさや矛盾を許容したまま緩やかな階層構造を作って、それを日々更新しながら活動している。あらかじめ概念のデータベースを人工無脳に渡すことはできるかもしれないが、本当に必要なのは人工無脳が自分でそれを拡張していくことである。さらに (C) 成長によって得られた新しい概念は (A) 表現のアップデートにつながるだろう。

　考えるほどに、人と会話するプログラムなど到底作れそうにないように感じられてくる。だが、人工無脳の研究者はそう考えない。

※10：ヴィゴツキー, L. 新訳版 思考と言語；新読書社, 2001
※11：ケストラー, A. 機械の中の幽霊；ちくま学芸文庫, 1995

一つ目のヒントは眠っている間に見る夢である。夢の中には自分以外に登場人物が現れることがある。彼らとあなたは夢の中で会話をする。その登場人物のセリフはいったい誰が考えているのだろう？　少なくとも自分が考えている意識はない。さらに夢の中では現実にありえない場面も多く登場するので、単なる記憶の再生でもないだろう。にもかかわらず夢の登場人物と我々は会話をし、驚いたり、涙したり、談笑したりしている。

　すなわち、本当に思考しているのかどうかもわからない、実体があるのかはなはだ怪しい相手とであっても、会話、あるいは交流が成立しているのだ。これは相手が何を感じ、何を考えているかを受け手である我々が推測する強力な共感能力や、近い未来の推測能力によって可能になっていると考えられる。

　もう一つのヒントは動物との交流である。あるヤギは、何年も一緒だったロバと引き離された後すっかりふさぎ込んで食べ物を受け付けなくなった。このことに心を痛めた人々はそのロバを見つけて何日かぶりに引き合わせることができた。途端にヤギは元気になって顔を輝かせ、ロバのそばを離れようとせず一緒に牧草を食べるようになった[※12]。

図1-6：ヤギとロバ

※12：AnimalPlace. Mr. G and Jellybean. Youtube. https://www.youtube.com/watch?v=bv2OGph5Kec

1.1 人工無脳は言葉とハートを少しずつ

　あるカメは犬と一緒に飼われていた。カメが自分と同じくらいの大きさのボールを転がして遊んでいると、犬はボールを鼻で押したり口でくわえたりして「それ返してよ！　僕のボール！」とキャンキャン吠えた。カメはボールをとられて「なにを〜」と、猛然とダッシュして犬の後ろ脚にかるく噛みついて見せた[※13]。犬、猫をはじめライオン、クマ、ゾウ、イルカなどさまざまな動物[※14]と人間とが友達のように遊んでいる動画を、こんにちではたくさん見出すことができる。

　動物たちは我々と共通した感情を表現し[※15]、人間となんら変わらない精神性を感じさせる。彼らは言葉を話せるわけではないが、我々の気持ちを理解していて我々と交流をすることができる。動物たちにあって、人工知能にないものは何だろうか。心・・・と言ってしまうと、おそらく正確ではあるが逆にどうアプローチしていいかわかりにくくなってしまう。まずは意図に焦点を当てよう。そしてごく簡単な意図のモデルを出発点とし、試行錯誤を繰り返すことで交流の質を高めることは可能ではないだろうか。

　ここまでの議論をまとめると、現状、まずごく限られた例外を除きコンピュータにとって言葉の意味は理解できない。これはほとんど前提といってもよい。

　次に人工知能は推論、計算、事務的なやり取りといった「頭での」コミュニケーションに向いている。動物とは共感能力や意図により「ハートで」通じる。両者を少しずつ取り入れることで、人工無脳は**簡易な言語機能しか持っていなくても、相手の共感と自分の意図を考慮した交流のデザインをすることで会話や交流の質を高めることができる。**

　これが本書の考える人工無脳の基本仮説である（次ページの図1-7）。人工知能の研究は音声認識、画像解析、最善手計算など、正解が一定でわかりやすいもの、検証可能なものが主流であったのではないだろうか。だが、それらの

[※13]: http://news.softpedia.com/news/Watch-Dog-and-Tortoise-Play-Football-with-One-Another-449563.shtml
[※14]: Animals, B. W. F. Friendship of wild animals and a human. YouTube. https://www.youtube.com/watch?v=uKg6S_EroAU
[※15]: Darwin, C. The Expression of the Emotions in Man and Animals; D. Appleton and Company: New York, 1872

試みは人との交流で何が正解か、何が必要かという問題を解決しないだろう。

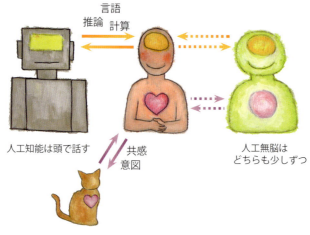

図1-7：人工無脳の基本仮説

　結局、科学的手法に依るゆえに客観的に検証できない領域には目を向けることはできず、結果として人工知能研究は正解の追求にとどまってしまったのではないだろうか？　そこにはユーモアや芸術、人を楽しませること、なごませることなどが存在する余地はない。ところが、我々が望む人と話す機械にとってそれらはもっとも重要な要素なのである。ゆえに我々のメインテーマはブラックボックスの中身、意図を記述することであることが明らかとなる。そしてブラックボックスであるがゆえに、あらゆるモデルにとってモデルの科学的正当性や必然性は無意味となり、唯一の尺度、それに接した人がどれだけ人間らしさを感じられたかをもって評価される。我々の目的は、笑いやユーモアを感じさせるプログラム、愛着を感じユーザーを和ませるプログラムの創出なのである。この瞬間、人工知能と人工無脳は違う道を歩み始める。人工無脳は科学的であっても非科学的であってもかまわなくなり、アートの一種またはおもちゃの一種になったのである。

　だが、それが心本来の素直な姿なのではないだろうか。

1.2 会話の相手になる機械

よい雑談ができる人工無脳を作るには、よい雑談をきちんと考え、定義する必要がある。言葉のやり取りだけに注目していると見失いそうになる、雑談の後の余韻を思い出してみよう。

我々はどんな人工無脳とどんな会話をしたいのだろうか？ ゴールのイメージをできるだけ深く広く考え、できるだけ具体的にするほど開発はエキサイティングで実りのあるものになる。そこで、普通は人工無脳＝会話と考えがちだが、その前にいったんもっと広い視点から我々の日常体験を俯瞰してみよう。

図1-8：コーヒーショップにて

あなたにとって「いい会話だった」と思えるのはどんな場面だろうか。映画やドラマを観察するのもよいが、あまりにドラマチックだったりシチュエーションが特殊な会話は使いにくい。ぜひ一度、コーヒーショップに立ち寄ってお気に入りの飲み物を飲みながら周りのお客さんたちの雑談に耳を傾けてほしい。彼らはくつろぎ、他愛のないおしゃべりを楽しんでいる。いったいどんな性質をもった会話をしているのだろう。冗談を言い合って笑い、

さっき見た映画の話題で盛り上がり、世間話で意見が一致し、ちょっとした息抜きになり・・・。感じた特徴をメモに集めて、一番しっくりくるいくつかをピックアップする。例えば、

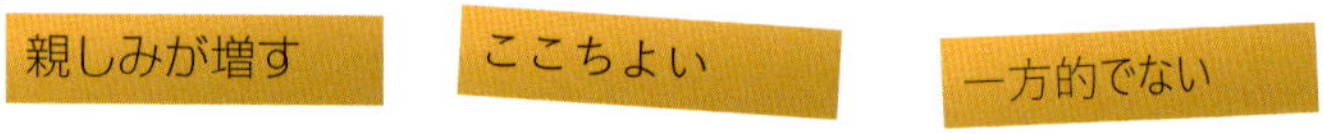

親しみが増す　　ここちよい　　一方的でない

図1-9：メモ

の3つを挙げよう。会話がはずめば親しみが増すのは自然だろう。不愉快であるより、心地よいほうがいいに決まっている。一方が他方より偉そうだったり、一方がひたすら話し、もう一人が聞き役しかできないのは退屈で忍耐を要求される。上述の3つはいずれもいい会話の必要条件だということには問題がなさそうだ。もちろんほかの候補があってもいいので、それは皆さんそれぞれに考えてみてほしい。

　ここで、これらの条件だけを念頭に置いて、すべてを満たすものを改めて想像してみる。赤ちゃんとお母さんのスキンシップも当てはまりそうだ。人間と一緒に暮らす動物たちも、我々に心地よさや親しみを感じさせてくれる。いままで警戒をあらわに近寄ろうとしなかった猫が、あなたの優しい言葉をきっかけに膝の上に上がってきてゴロゴロ喉を鳴らしながら顔や体をすりつけてくれたら、それはとても素敵な交流に違いない。

　「よい会話」の大切な部分というのは、実は言語によるやり取りの外にあるのではないだろうか。このエッセンスの部分、「好ましい交流」をどのようにデザインするかが人工無脳研究の面白いところであろう。

　交流を社会的なニーズの面から考えることもできる。2004年に実用化されたふわふわのアザラシ型ロボット「パロ」は、一人住まいなどで寂しさを感じているユーザーに対するアニマルセラピーのような効果をもたらすと言われている[※16]。会話能力をもったロボットには、ハンディキャップを持つ

※16：株式会社知能システム．新型セラピー用アザラシ型メンタルコミットロボット・「パロ」が登場．
http://intelligent-system.jp/pls20130913.pdf

人々の心の癒しや会話の訓練、介護者の支援など、さまざまな用途が期待されている。人工無脳の目的を考えるときにはこのような視点も面白いだろう。

　好ましい交流の効果を積極的に利用した技術に、カウンセリング心理学で用いられる**傾聴**がある。傾聴ではカウンセラーが聞き手に徹し、クライアントが話し手になるように誘導する。ペッパーの逆である。カウンセラーはクライアントの言った言葉を要約してクライアントに伝え返したり、クライアントがより内容にフォーカスできるように質問を行う。この傾聴をシミュレートしたチャットプログラムに「Eliza」があり、英語版を試すことができる[※17]。

　好ましい交流をもっとも自然に実現することに興味を持つ人工無脳研究者は「人の心をプログラムとして表したとしたら、それはどんなものになるか」と考えるだろう。人工無脳に喜怒哀楽を持たせるというアイデアは最初に思いつくものの、ユーザーが怒ったら人工無脳が悲しんでいるように見せる、ユーザーが喜んだら人工無脳も喜んでいるように見せる、という単純な反応だけではいろいろと足りないように思われる。

　何を条件に喜怒哀楽を表現したらよいのだろうか？　表現すべき内容は喜び、怒り、悲しみ、楽しみの４つでいいのだろうか？　本書の後半ではそれについても論じる。これは人工無脳の奥深さと面白さに触れる興味深い体験になると思うので、皆さんも考えてみてほしい。

　話をまとめよう。人工知能の研究は心の中身についてあまり対象としてこなかった。IBM Watsonやマイクロソフトのチャットボット群は莫大なデータと計算資源を武器にパターン認識や言語能力高度化を目指したが、それらの試みは会話の相手としてはどれも機械的であり、計算量を増やしていったところでよい会話相手になるとは考えられない。かといって自然言語を真正面から扱うのは研究者レベルでも困難である。

※17：Eliza, computer therapist. manifesation.com. http://www.manifestation.com/neurotoys/eliza.php3

ところが、そもそも雑談は記号的・論理的というよりももっと意図を感じさせるもの、感覚的・感情的なものである。そこで、本書の人工無脳では人の情緒や意図について何らかの仮説とモデルを考え、言語的には原始的な仕掛けを用いてなんとか会話らしい雰囲気を作り出せるか試みることを目標とする。

1.3 科学と非科学の間に立つ人工無脳研究

人工知能やロボットの研究者は科学的なアプローチで会話をとらえようとする。しかし笑いや悩み、恋の力、人の心の美しさなど、科学ではとらえられないものが我々の周りに満ち溢れている。

　これまで散々偉そうなことを言ってきたが、本書でいろいろな課題を克服した人工無脳が作れるかというと、せいぜい既存の人工無脳に多少の改良をほどこした程度になるだろう。にもかかわらず人工無脳の現在と未来について語ってきたのは、人工無脳自体が研究・開発のずいぶん初期に位置していると考えるからである。研究では未来の明確なイメージを打ち出し、そこにつながる階段を描き、最初の一段を実際に上がることが大事である。上がってみたら思っていたのと違う風景が見えることもあるが、そのときは改めて階段を描きなおせばよい。そして、人工無脳研究は人工知能技術の外側、会話の外側の領域であっても研究のフィールドと考える。そこにある概念が科学的根拠に基づくかどうかは気にしない(図1-10)。

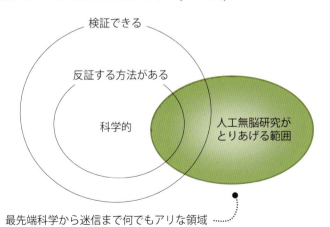

図1-10：人工無脳研究がとり上げる範囲

非科学的でもかまわない。ある概念が正しいかどうかを論じるのは人工無脳研究の目的ではなく、それを利用したらどんな効果が得られるかだけが興味の対象である。そもそも人の心が科学で説明されきってはいない。科学的根拠に固執すれば、その先は行き止まりと思うくらいでちょうどいいのかもしれない。どんな素材であっても、産地を気にすることなくとりあえず料理して味わってみよう。

　人工無脳研究は日常生活で見つけたちょっとした会話の面白さをきっかけに、誰でも始めることができる。本書を手に取ってくれた読者の皆さん、すなわち将来の人工無脳のパイオニアに、この深くてエキサイティングな人工無脳の世界に踏み込んでもらうためには議論はオープンでありたいと考える。そのために本書は、C. Popperが提唱した反証可能性[※18]を道標にする。

　反証可能性は科学と非科学の境界を明らかにするときに用いられる考え方で、ある概念に矛盾がなく、検証済みであることは前提とした上で反証する手段があるものは科学的と言ってよいが、反証の方法がないものは科学的とも科学的でないとも言えない、と言う。

　なお、現在反証不能だからといって未来にわたって永久に非科学的だ、疑似科学だと固定的に考えてはいけない。中世ヨーロッパでは銀製品に魔よけの力があると考えられ、魔物を倒すのに銀の弾丸が有効であるとされた。当時の科学ではおそらく説明できなかったと思われるが、現在では銀に抗菌効果が見いだされ、さまざまな製品に銀のナノ粒子が利用されている。昔であれば、銀の装身具を身に付けたものが感染症にかからずに済んだのであろうことが推測できる。これは当初非科学的であってものちに科学的に解明された例である。

　人工無脳でこれから吟味するさまざまなアイデアそのものは、すでに宣言してしまったように科学的である必要はないため反証不能でもかまわない

※18：ポパー, C. 科学的発見の論理；恒星社厚生閣, 1971

が、議論の進め方は反証可能である必要がある。人工無脳の研究をしていて出会いがちなのは次のような場面だ。

例7
研究者Ａ：「Ｘさんの人工無脳と会話してみた結果、おうむ返しされることが多いようです」
研究者Ｘ：「そんなことはないです。もっと高度な人工無脳ですよ」
研究者Ａ：「勉強のためにソースを見せていただくことは可能ですか」
研究者Ｘ：「非公開です」

さて、チャットの画面越しにしか人工無脳Ｘと接していない研究者Ａの視点ではソースが非公開の場合、相手が本当にプログラムなのか、中に人がいるのかを区別する方法はない。このような人工無脳についての研究者Ｘの主張は反証不能であり、正しいとも正しくないとも言えなくなってしまう。そこで、議論を深めるためには仮説やソースは公開することが必須の条件であると考える。仮説そのものは反証不能でもかまわないが、議論は反証可能である必要があるわけである。

もう一つ、研究や開発を進める参考になる事例をまったく別の分野から取り上げたい。それは、爬虫類や哺乳類の進化の歴史である。

恐竜や爬虫類の祖先はトカゲに似たあまり特徴のない姿をしていた。その後環境への適応を図って口を巨大化したティラノサウルス、大きな角を発達させたトリケラトプス、分厚い鎧を備えるようになったアンキロサウルス、水中で生きるようになったイクチオサウルスなどが出現した。それぞれの種がそれぞれに長所を伸ばしていった結果の特殊化であり、それによって彼らの生きた時代で生存競争を優位に勝ち残ることができた。ところが、特殊化した恐竜たちはその後の急激な環境の変化についてゆけず、ほとんどが絶滅してしまった。

同じように哺乳類の祖先はネズミのような姿の、やはりあまり特徴のない姿をした生き物だった。そこから犬歯を巨大化させたサーベルタイガー、分厚い毛皮をまとったマンモスなどが現れたが、特殊化の果てに環境に適用する力を失った数多くの種が絶滅してきた。

　これらの長く豊かな歴史は系統樹という形式で表すことができる。樹木をたとえにしているわけである。その興味深いところは、暗に枝と幹に区別がある可能性を示している点だ。すなわち、特殊化した種は枝で、それ以降の進化は停止するが実を付けうる。幹の種は極端な特殊化を避け、それ自体はパッとしないが環境の変化に対応して次の進化に続いているわけである。だがそれは後世の視点で整理した結果論であって、それぞれの種が生きている時代に誰が次の進化の幹になるかは、おそらく決まっていなかったのではないだろうか。

　人工無脳に限らずどんな技術体系であっても特殊化は一時的に優れた効果をもたらすが、一方でその後の変化に対応しづらくなる脆弱性を持つのだろう。そこで、新しいアイデアを試す際にはそれが制約を増やす特殊化に向かうのか、制約を減らして特殊化と逆の方向に進むのかに留意したい。

　また、樹木には枝も幹も必要であるように、特殊化した人工無脳も特殊化を避けた人工無脳もどちらもあってよい。大切なのはどの部分が特殊なのか、どの部分がそうでないのかを常に意識することで、必要なときは特殊化した部分を捨てる柔軟性が人工無脳を進化させるためのカギになるだろう。

1.4 本書の構成

人工無脳は開発のスタートについたばかりで、目の前には興味深い題材が数多く発掘されるのを待っている。

　人工無脳の世界は一見単純であるが、その中には深くて広い未踏の研究領域が広がっている。Chapter 1ではまず人工知能が自然言語を扱うことの困難さを示し、にもかかわらず人工無脳が作れる根拠となる基本原理を考えた。次に人工無脳研究が目指すゴールが「好ましい交流」であり、そのために情緒的な領域に関する仮説を検討することが研究の具体的な内容であることを明らかにした。そして人工無脳研究に特徴的な、科学と非科学の両方にまたがった議論の進め方についていくつかの方針を考えた。

Chapter 2　歴史
　未来の人工無脳について考えるには、これまでの背景を知ることが欠かせない。1966年に遡る最初の人工無脳Elizaの登場から2016年付近までの人工無脳の変遷は、コンピュータの能力やネットワークの発展に大きく影響されている。各時代の技術と代表的な人工無脳の盛衰を概観する。

Chapter 3　開発環境インストールとPerlの日本語処理
　人工無脳スクリプトをローカルで動かすため、Cygwin、Perl、Apacheのインストールについて説明する。また、Perlの中でも人工無脳に特に関連の強いUTF-8まわりの処理と正規表現について説明する。

Chapter 4　人工無脳を作る
　辞書型とログ型の人工無脳スクリプトをベースとして、ステップバイステップで人工無脳を作る。STEP 0はキャラクタ設定やUIのデザインから始め

る。そして人称、挨拶、相槌を考えるSTAGE 1、雑談の骨格を決めるSTAGE 2、エピソードの記憶を加えるSTAGE 3に分けて、段階的に人工無脳を強化していく。

Chapter 5　心のかけら

　人工無脳に感情を持たせるにはどうしたらいいのだろうか。行動心理学では感情をさまざまに分類しているが、我々自身それぞれの感情がなぜ生じたのか説明できない。そこで「どんな感情がなぜ生じたのかわからない」という挙動そのものを人工無脳で模倣する。

　感情の起源を目指す思索は初期の仏教や潜在意識に関する研究の中にも見出される。今回はそれらについて説明しよう。人工無脳への搭載は今後の課題であり、読者のみなさんにもぜひ挑戦してもらいたい。

Chapter 2
歴史

人工無脳を新たに開発するには、その過去を知る必要がある。そこには、かつての開発者たちが常に半歩先の未来を描き、さまざまなアイデアで人工無脳の可能性を広げてきた姿を見出すことができる。ここから、我々がこれから何を目指すべきなのかを考えていこう。

2.1 概説

人工無脳には50年にわたる歴史がある。それはコンピュータの発展に歩調を合わせ、人々がコンピュータとの会話を夢見続けてきた歴史だ。しかし、人工無脳のアーキテクチャーの進歩はその情熱に比べ緩やかだ。

　人工無脳の歴史は、その生息環境とも言えるコンピュータの変遷に大きな影響を受けている。最初のコンピュータENIACが登場した1945年から2016年までの間、コンピュータはその計算能力や社会的な役割を劇的に発展させており、それに伴って人工無脳のありかたも大きく変化した。その全体像を次ページの図2-1に示す。

　英語環境における人工無脳の始まりは1966年のElizaまでさかのぼることができる。一方で、日本語環境では最初に作られた人工無脳が何で、いつなのかはあまりはっきりしない。しかし、人々の目に触れるようになったのは1980年台初頭の日本における多様で互換性の低いパーソナルコンピュータの爆発的な普及をきっかけとする。

　その後、1995年のインターネット化によるそれらの絶滅、そしてもっとも最近には2005年ごろからのSNSやクラウドのような大規模なインフラストラクチャの発達などPC環境の急激な変化のたびに旧世代の人工無脳の大量絶滅が起き、新しい環境に適応した新種の人工無脳への置き換わりが

見られた。この世代交代が起きるたびに、人工無脳が利用できる計算資源やデータベースは豊富なものに置き換わった。

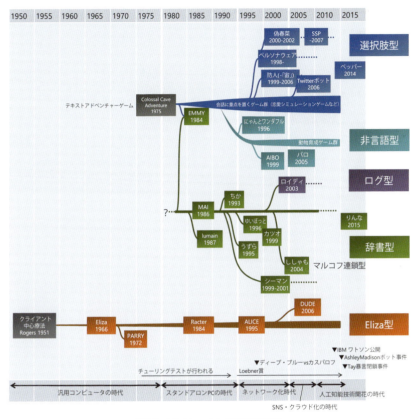

図2-1：コンピュータと人工無脳の歴史

このようなはっきりした変化は日本において顕著であり、英語圏では古い人工無脳は新しい機能を追加されながらも種全体としては開発が続行されている例が多い。

この違いは日本の人工無脳が製作者個人に強く属しているのに対し、欧米では一つの人工無脳の開発に多数の開発者が入れ替わりながら関与し続けるというカルチャーの違いに起因するのであろう。これは日本における漫画や

小説が創作者以外の作家に引き継がれる例が稀なのに対し、1961年から2016年現在も続く長編のSF作品であるペリーローダンシリーズや、マーベルのコミックシリーズなどが多数の作家によって作り継がれている状況に似ている。

　人工無脳はいくつかの系統に大別することができる。コンピュータゲームを始祖とし、柔軟性・即興性は低いものの高いキャラクタ性やストーリー性を特徴とする**選択肢型**、そしてRogersの心理カウンセリング技法を起源に持ち、傾聴を得意とする**Eliza型**、さらに両者の中間的な存在として、**辞書型**や**ログ型**の人工無脳を位置づけることができる。それぞれの人工無脳の起源とこれまでの進化を概観し、これからの人工無脳研究が目指すべき領域を明らかにしよう。

2.2 汎用コンピュータの時代 (1950-1980年)

最も初期にしていまだ最大の業績であるElizaの登場。その背景にはカウンセリング心理学の中でも大きな業績であるRogersの傾聴技法があった。わずかな辞書とメモリでElizaは素晴らしい能力を示した。

1950年から1980年ごろまでコンピュータは一般に普及しておらず、ごく限られた専門家だけが触れる存在だった。人工無脳のもう一つの母体である心理学の分野では同年代、より実践的な技法や知識が大きく発達した。C. Rogersが30年にわたって蓄積してきた経験をまとめ、「クライアント中心療法」を著したのが1951年である[※1]。このカウンセリング技法では悩みや心理的な苦しみを抱えた患者(クライアント)対してセラピストが一方的に解決策を教えるのではなく、クライアントの言葉に無条件に耳を傾け、クライアントが中心となって自らを治癒するように促す。これにヒントを得たJ. Weizenbaumは1966年に人工無脳の草創期最大級の業績であるEliza(イライザ)を発表した[※2](現在でもクローンが稼働しており、会話を試すことができる[※3])。

図2-2：Eliza (ブラウザ上で動作するクローン)

※1：ロジャーズ, K. クライアント中心療法；岩崎学術出版社, 1951
※2：Weizenbaum, J. ELIZA—a computer program for the study of natural language communication between man and machine. Communications of the ACM 1966, 9 (1), 36-45

Elizaはクライアント中心療法で用いられる「傾聴」という技法を模倣する。その狙いはクライアントが『自分は大切に扱われている』という気持ちになり、心の奥底にある感情を気楽に吐き出せるように促すことである。さらにクライアントの発言を要約して返すことで、実はクライアントが自身ですでに解決策を見出していた、という体験へと導くことで自信と解放につながるという効果をもたらすとされた。そこで、Weizenbaumは以下のような動作ができるプログラムを作った。

・聞き役に徹し、意見や反論をしない。
・積極的に相槌や内容をより深める質問をする。
・クライアントの話を要約して伝え返す。
・クライアントの悩みから話題がそれすぎないように誘導する。

　これにより、Elizaに接したユーザーが号泣したり、激しく感銘を受けたり、これまで誰にも言わなかった幼少時のつらい経験などをElizaに語り始めた、などの例が数多くみられた。これにWeizenbaum自身も衝撃を受け、Elizaが優れた人工無脳として知られるようになったわけであるが、この人工無脳の効果が素晴らしかったのは、むしろクライアント中心療法のRogersの業績の部分が大きかったと言うべきであろう。

　人工無脳としてのポイントは、自然言語が英語であり、日本語と比べて解析が容易な構造と用法だったこと、それを用いて名詞よりも構文のマッチングを行う辞書を作ったことにある。

　Elizaは後の人工無脳にも強い影響を与えた。1972年にK. Colbyが同じようなアーキテクチャーを用いながら統合失調症患者のような会話を行うParryを開発し、1973年にはElizaとParryを対話させたデモンストレーションが学会で行われている。この人工無脳のアーキテクチャーを、以下**Eliza型**と呼ぶことにしよう。

※ 3：NLP-addiction. Eliza Chat bot. http://nlp-addiction.com/eliza/, 22-23

2.2 汎用コンピュータの時代 (1950-1980 年)

　現代から振り返ったとき、人工無脳のもう一つの重要なグループがこの時期に生まれている。起源となったソフトは1976年頃に発表された「Colossal Cave Adventure」すなわち、テキストベースのアドベンチャーゲームである。当時のアドベンチャーゲームは動詞＋名詞のように簡略化した文字列をコマンドとして受け付け、プレイヤーにとっては非常にオープンな印象を与えていた。のちの人工無脳に影響を与えたのはさまざまなアドベンチャーゲームにおける登場人物との会話である。

　ゲームではキャラクタの役割、人物像、行動などが生き生きと描かれ、小説や映画と同様にそこに人格を感じさせる。ところが言語能力は皆無で多くの場合、選択式で会話が進んでいく。また、会話はゲームのシナリオに沿っており本筋に即興性はないため、このアーキテクチャーを**選択肢型**と呼ぶ。

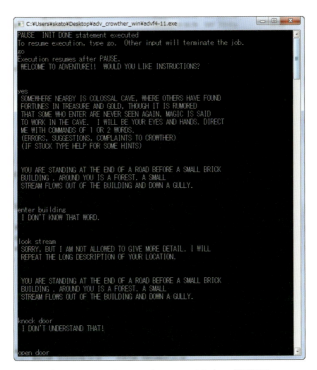

図2-3：Colossal Cave Adventure (Windows移植版[4])

※4： Windows executable version of Crowther's original ADVENT. ftp://ftp.ifarchive.org/if-archive/games/pc/adv_crowther_win.zip

Eliza、Colossal Cave Adventureの両者とも完全なCUIベースのアプリケーションである。これは当時のコンピュータ環境がほぼコマンドラインしかなかったためである。さらにコンピュータの利用者が現在と比べればかなり少数の専門家に限られていたため、人工無脳の進化がゆっくりである一方で専門性が高いという特徴を持っていたようである。制約のある特殊な環境が独特のアーキテクチャーを生み出す土壌となった例であろう。

2.3 スタンドアロンPCの時代 (1980-1995年近傍)

日本における人工無脳の最初の時代。カタカナとひらがなだけのPC環境でも数多くの意欲的な人工無脳が作られた。辞書型のアーキテクチャーが作り出され定着した。

　1980年代に入ると日本ではさまざまなメーカーがそれぞれほぼ互換性のない独自のPCを作り出し、本格的にそれらが普及し始めた。中でもホビーユースが盛んだったのはNECのPC-8801(1981)、富士通のFM-7(1982)、シャープのX1(1982)、MZ-80(1981)などのシリーズである。これらの機種は主に1バイト系文字を使う。すなわち漢字なしのカタカナやひらがなだけで日本語を扱っていたため、人間にとっての読みやすさをかねて人間が手動で文節をスペースに区切って入力するものが多かった。

　また初期にはカセットテープを記録メディアとした機種も多く、現在から見れば極めてわずかな32kB前後のメモリ容量しかなかったため巨大な辞書ファイルを運用するのは困難であった。その割に、この時代には人工知能ジル(1983)やEmmy(1984)[5]をはじめとして、人工無脳として意欲的な商業作品がいくつも開発されている。それだけユーザー達は会話の相手としてのコンピュータに大きな夢を感じていたのだろう。

　ちなみに、Emmyはエミーという名の女性を口説き落としてあんなことやこんなことを・・・という超ストレートなゲームであった。スタンドアロンPCの普及からわずか数年、極めて限られたグラフィックしかないにも関わらず、である。開発者はいったいどれだけの情熱を注いでいたのだろうか。最新技術は常にそういう方面に真っ先に活用されるという法則は、日本における人工無脳でもあいかわらずなのであった。

---

[5]: Emmy II. https://www.amusement-center.com/project/egg/cgi/ecatalog-detail.cgi?contcode=7&product_id=147

その後PCは能力を高め、漢字への対応、ハードディスクの搭載、パソコン通信によるソフトウェア公開のインフラストラクチャ整備を経た1980年代後半から、辞書型の人工無脳が一般のユーザーに徐々に知られるようになった。田中利昭によると、1986年に芳賀浩一により作られたMAIがユーザーの手により作られたもっとも初期の人工無脳である[※6]。さらにASCII-NETと呼ばれる当時大手のBBS上には「人工無脳倶楽部」という開発者のコミュニティーが作られ、共通サンプルプログラムの整備やコンテストが行われていた。さまざまな工夫を凝らしたアルゴリズムが考案されていたという記述はあるものの、ハードウェアや記録メディアもほとんど残存しておらず、コードが現在も閲覧可能なソフトは皆無であって詳細はよくわかっていない。1987年にはFM-7版の人工無脳アルゴリズムについてOh! FM誌に解説記事が掲載された。これは作者からソースを送っていただいたのでWebサイトに掲載する[※7]。

スタンドアロンPC時代の終盤では、K仲川の人工無脳ちかちゃん（1993, 原サイトは消失）などが代表的な人工無脳としてよく知られていた。

この時代に日本で生まれた多くの人工無脳には共通する特徴がある。それは「人工無脳が新しい言葉を学習し、ユーザーとの会話を通して成長する」という育成ゲーム的な側面がユーザーと開発者の知的好奇心や楽しみの中心になっていたことだ。日常会話でそれをもっとも凝縮したやり取りは、相手のセリフにわからないところがあったらおうむ返しにそれを聞き返して憶え、以降の会話でそれを使うというものである。そのため、以下のようなアルゴリズムが考案された。

1. キーワードと返答のペアからなる辞書を用意し、ユーザー入力文字列が辞書のいずれかのキーワードに一致したらその返答を返す。
2. 辞書に一致するキーワードがない場合、助詞を除去した入力文字列からランダムに単語を一つ選んでキーワードと、それが何かをユーザーに尋ねる。

※6：田中利昭. ネットワークで遊べる、ちょっとおかしな会話プログラム. In 人工無脳：パソコンと話すか、パソコンで話すか？; BNN, 1987; p58-82
※7：www.ycf.nanet.co.jp/~skato/muno/1intro/lumain.html

3. この質問で得られたキーワードと返答のペアを辞書に加える。

この人工無脳の知識は単語とそれに対する応答という辞書に類似の構造を持ち、辞書ファイルの読み書きがアルゴリズムの主体となっていたことから、このアーキテクチャを**辞書型**と呼ぶ。

一方、選択肢型アーキテクチャの宿主であるアドベンチャーゲームはPCの能力向上の恩恵を直接受け、たくさんの作品が活発に作製された。さらにこの時代にはファミリーコンピュータをはじめとした家庭用ゲーム機が普及し始めた。ゲーム専用機の入力デバイスは方向キーと数個のボタンのみであったため、日本語入力でなく完全に選択肢式のアドベンチャーゲームが作られるようになった。こちらも会話能力としての発達はあまり見られなかったようである。

なお、英語圏ではEliza型アーキテクチャを受け継ぐ人工無脳が継続して作られており、1984年に製作されたRacterがその代表である[8]。Racterは前回までのユーザーの発言を記憶しており、会話に応用する能力を持っていた。このころのEliza型人工無脳はElizaが当初目指していた傾聴の模倣という枠から外れ、キャラクタや振る舞いが多様化していった。

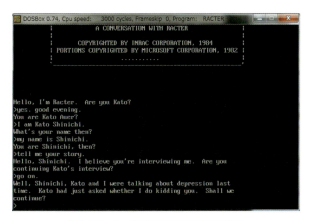

図2-4：Racter (移植版 - DOSBOX上で動作)

※8：My Abandonware - Ractor. http://www.myabandonware.com/game/racter-4m

スタンドアロンPCの時代も後半になると研究機関などを中心にUNIX系OSの普及が進み、いわゆるワークステーションの発達とインターネットの整備が進んだ。その中で1991年にWorld Wide Webがサービスを開始し、Web関連のアプリケーションが急速に発達していった。

　さらにPCの処理能力向上によって漢字を扱うための専用ハードが不要となり、Windows95の登場をもって日本独自のPCアーキテクチャーは絶滅への歩みを急速に速めていった。この環境の激変により、当時の人工無脳もまた急速に姿を消した。

2.4 ネットワーク化時代 (1995-2005近傍)

英語圏、日本ともに人工無脳開発がきわめて盛んであった極大期。インターネットを介して動作するCGIの整備によって、人工無脳の進化と淘汰が劇的に加速した。

　インターネットの普及に合わせて、1995年付近にはPython 1.x (1994)、Perl 5.x (1994)、Apacheサーバー (1995)、Ruby (1995)、ICQ (1996)、PostgreSQL (1997)、JavaScript (1997)などの基幹アプリケーションが一斉に登場し、ホビーユーザーがHTTPサーバー上で自由にスクリプトを運用するための環境が急速に整っていった。それまでのスタンドアロンPC上では一人のユーザーが人工無脳を育て、また会話を楽むような運用も多かった。

　ところが人工無脳がPCから離れてインターネット上の掲示板やチャット上で稼動するようになると、人工無脳との会話を第三者と共有するという新しい楽しみ方が主流になった。

　またWebを利用することで言語の共通化、ソースの共有やオープンソース方式での開発も自由に行えるようになり、人工無脳の開発が活発になった。秋山智俊による人工無脳の作り方を解説した書籍[9]などが出版される一方で、「意味を理解しないまま返答する」人工無脳との会話は、つまるところ禅問答になってしまうのではないかとの指摘もされていた[10]。

　辞書型アーキテクチャーでは前の時代からアルゴリズムを受け継ぎ、初期にはうずら[11]、ゆいぼっと[12]、人工無能カツオ[13]をはじめとしてさまざまな人工無脳が作られた。また、音声入力を単独のハードウェアで実現しようとしたシーマン (1999)など、特徴的な商用ソフトウェアも作られた。こ

---

[9]：秋山智俊. 恋するプログラム Rubyで作る人工無脳 ; 毎日コミュニケーションズ, 2005
[10]：羽尻公一郎. 人工無脳が禅を語る日. In Bit;, 1999; pp 30-65
[11]：人工無能うずら (人工痴能) の部屋. http://www.din.or.jp/~ohzaki/uzura.htm

こで人工無脳がオーナー以外の第三者と会話するようになって、さまざまな課題が浮上してきた。

例１　会話が続かない

　人工無脳からの質問にユーザーが答えても、それに人工無脳がスルーする。ユーザーの質問に人工無脳が答えられない。このような挙動は、特にCGIで運用される初期の人工無脳にありがちであった。辞書がキーワードとそれへの応答という形式であり、文脈を持っていなかったことによると考えられる。

例２　人工無脳に用意された会話と、ユーザーが求める会話が違う

　スタンドアロンの時代は辞書を育てるオーナーと会話するユーザーが同一であった。オーナーによる人工無脳の教育は自身の趣味や知識を反映させたものにならざるを得ない。その結果、人工無脳はオーナー好みの会話をするように成長していく。

　ところがネットワーク時代には、人工無脳は不特定多数のユーザーと会話を行ったため、人工無脳が応答できる分野と違う会話をユーザーが試みた場合、あまりよい返事ができずオーナーの努力が報われなかったり、いつの間にか人工無脳が変な教育を施され、オーナーの好まない残念な反応ばかりするようになる事態が多発した。

例３　人工無脳がユーザーを怒らせる

　ランダムな発言というのは、正直なところ笑いと毒と暴言の危険な混合物である。ユーザーを笑わせたいと願って作りこんだ人工無脳は、あるユーザーにはうけるが別のユーザーを怒らせるというケースが、まま生じた。チャットや掲示板では、ユーザーが人工無脳を人間だと思って会話し、その失礼極まりない発言に気分を害して退室するという例も見られた。

　これらの課題は、いずれもオーナーとユーザーが別になったこと、人工無

※12：ゆいぼっと．http://www.mirai.ne.jp/~mikeneko/yuibot/yui/chat/free/Bot/bot.html
※13：人工無能カツオ．http://www9.plala.or.jp/ulbperl/katsuo.html

2.4 ネットワーク化時代（1995-2005 近傍）

脳が文脈を持たないことが原因になっている。和英辞書でも国語辞書でも、辞書とは一問一答形式で書かれたストーリーのない書物である。これを会話の源とする限り、ストーリーを語る人工無脳は作れないだろう。

これらの問題が進化を促進したのか、2003年ごろに市川らによって作られた新しい人工無能ロイディ[※14]は、会話ログを利用することでこれらの問題を乗り越えようとした。具体的には次のようなアルゴリズムである。

- 一人称、二人称などをタグに置き換えた会話ログを用意する。
- ユーザーから受け取った入力文字列にもっとも近い文のある行を検索する。
- その次の行を返答とし、そこに含まれる一人称や二人称を現行の会話に合わせて返す。

この人工無脳は、特に小規模なコミュニティーの中でメンバー同士の会話ログをソースとしたときに高い効果を示した。もとのログが面白く共感できる点が多いほど、人工無脳もそれに合わせた反応ができるわけである。

また、会話ログには文脈が存在するため、この人工無脳は時に文脈を理解しているかのような巧みな応答をすることができた。このアーキテクチャーを**ログ型**と呼ぶ。

ユーザーからの返答を丸のみで記憶するだけでなく、それを細かくつぎはぎして文書らしきものを再構成する**マルコフ連鎖**と呼ばれる手法も試みられた。これには JUMAN [※15]、Chasen[※16] など、当時一般ユーザーが利用しやすくなった形態素解析モジュールを用いた分かち書きが利用された。

マルコフ連鎖を使った人工無脳はより柔軟な文の生成が可能であったが、ユーザーのセリフにどのように応じるかは辞書型と同様キーワードに頼ることが多かった。このタイプには人工無能 sixamo（ししゃも）が知られてい

※14：人工無能　ロイディ. http://rogiken.org/SSB/reudy.html
※15：日本語形態素解析システム JUMAN. http://nlp.ist.i.kyoto-u.ac.jp/index.php?JUMAN
※16：ChaSen -- 形態素解析器. http://chasen-legacy.sourceforge.jp/

たが、原開発者のページは削除されており、2015年現在は第三者がスクリプトを動かしているようである[17]。

図2-5：人工無脳ししゃも

　選択肢型人工無脳でも新しい試みが数多く出現した。中でも1998年に中西らが開発したペルソナウェア「春菜」は、デスクトップマスコットと呼ばれるキャラクタが画面の隅に立ち、そこに吹き出しを表示してしゃべるというGUIが特徴であった。

　デスクトップマスコットはユーザーと関係ないタイミングで動作することも多く、面白い反面、学生がPCの前で先生とまじめな話をしているときに限って萌えアニメ系マスコットがアニメ独特のセリフを突然表示し、学生を震撼させるとともに居室の空気を凍らせる風景がまま見られた。

　人工無脳としてのポイントは、選択肢型のもっとも不得手とする会話パターンの枯渇に対し、時事問題を織り交ぜた新しい話題をプッシュ式で配信した点である。これによってユーザーにとっては飽きにくい人工無脳となったが、ペルソナウェアの会話はユーザーが一方的に消費して終わりであり、開発者は継続的にセリフを供給し続けるという、しんどい思いをすることを引き換えとした。

※17：T.Ashitani. Sixamoとおしゃべり. http://ashitani.jp/sixamobbs/

2.4 ネットワーク化時代 (1995-2005 近傍)

　また、デスクトップマスコットはその容姿やポーズによってもユーザーに言語外のメッセージを伝えることができた。これはノンバーバルコミュニケーションの一つで、言語だけに頼る人工無脳よりも多くのユーザーの心をつかんだようである。

図2-6：ペルソナウェア（春菜）

　ペルソナウェアに刺激を受けたユーザーのひとり、黒井鯖人はペルソナウェアにおけるコミュニケーションに限界を感じ、ペルソナウェアが単独のキャラクタだけであったのに対して、独自に相方のいるデスクトップマスコットを考案し、「偽春菜」と名付けた。この挑発的な開発方針とランダム文生成による毒を吐くマスコットがユーザーをひきつけ、また当然ながらペルソナウェア開発者たちをも刺激し、幾度かの衝突を経て偽春菜は「それ以外の何か」「伺か」など名称の変遷を続けたが、2002年には開発が終了した。現在公開されているバージョンは初期のものとはキャラクタデザインも異なる「伺か」である[18]。

　偽春菜のポイントは人工無脳に相方を設けた点である。これは二人組による漫才のようなもので、掛け合いの面白さを生かした会話が可能になるとと

※18：Sagawa, T. 伺か. http://usada.sakura.vg/

もに、二つのキャラクタの会話をユーザーが傍観できるようになることで、ユーザー側の心理的なコストを小さくするという新しいコミュニケーションの形を作り上げた。

図2-7：偽春菜

　なお、一方のペルソナウェアはその後商業化に歩みを進め、存在感を高めるためキャラクターボイスの導入を行った。これはあらかじめ決まったセリフだけしかしゃべらないという方針が固定化したことを意味し、即興性や成長性が失われることから選択肢型人工無脳における進化の袋小路の一つであろうと考えられる。現在はChararinaという名称で運営が続けられているものの、公式の新規キャラクタはすでに生み出されなくなって久しく、キャラクタたちの絵柄も2000年前後のそれから変化していない。すなわち、特殊化の果てに進化が停止し、現在では生きている化石となっているようである。

　このころ、掲示板上でも興味深い人工無脳が運用されていた。それは1999年に公開された「掲示板的コトバ宇宙『-宙』」の掲示板内で時々セリフを投下する人工無脳で、防人（さきもり）と呼ばれていた。防人のポイントは選択肢型人工無脳のもう一つの弱点である、ユーザーによる育成のしにくさを補うもので、教育テレビと呼ばれる一種のアンケートを用いた点である。教育テレビではユーザーの好きな食べ物など、さまざまな項目を穴埋め式で回答するようになっており、防人は以降の会話でそれを利用した。-宙は

独特の世界観を打ち出した個性的な存在であったが、運営は長続きせず2006年に終息した。それによって、この人工無脳も今では稼働していない。

図2-8：掲示板的コトバ宇宙「-宙」

一方、Eliza型は膨大な数の派生人工無脳を生みながらすそ野を広げていった。中でもR. Wallaceらが1995年に作り出したALICE[19]はAIMLと呼ばれる人工無脳記述言語を用いてElizaの弱点を克服することを目指し、ユーザーの返答から取り出した情報を記憶する機能などを増強した。AIMLによって英語圏では人工無脳が数多く開発されるようになった。

この時代には従来の人工無脳とはかなり系統の異なるグループも出現した。コンピュータゲームから派生したと考えられる、1996年に発売されたプレイステーション用のソフト「にゃんとワンダフル」に見られるような言語を介さない動物とのコミュニケーションをテーマにしたゲームやロボット群である。これらに特徴的なのは、ユーザーとコミュニケーションを図るの

---

[19]：A. L. I. C. E. http://www.alicebot.org/

に言語ではなくボディーランゲージやしぐさだけを利用する点である。言語を使っていない点で一見人工無脳とは関係がないように見えるが、タテゴトアザラシの子供を模したロボット「パロ」は多くのユーザーの心をとらえたとされており、会話に偏重した人工無脳が不得意としていた領域に目を向けた、非常に示唆に富んだ例であろう。

　このネットワーク化時代の特徴の一つは人工無脳の生息環境が集約されたことである。スタンドアロンPCの時代にはメーカーごとに互換性のない言語や記録媒体を使っていたが、辞書型、ログ型、Eliza型人工無脳の多くがPerlやRubyで記述されWeb上の掲示板やチャット上で動くようになった。すなわち、開発者本人がメンテナンスしているさまざまな人工無脳に、ユーザーが基本的にはいつでもアクセスできた。まるで別々の島で独自にゆっくり進化していた種が、いきなり一つの大陸に集まることで急激な競争にさらされたような環境が現れたわけである。結果として人工無脳は新たな生存戦略を模索して豊かな多様性を獲得したエネルギッシュな時代となった。

2.5 SNS・クラウドの時代 (2005-2010)

人工無脳のプレゼンスが希薄であったこの時代。それまで掲示板レベルであった企業のWebサービスが新しいマネタイズの手法を取り入れ、個人では追随困難な規模に発展した。

次の大きな変化点は、mixi(2004)、Facebook(2004)、アメーバブログ(2004)、twitter(2006)などの登場である。それまでの掲示板やチャットと比べて、SNSはユーザー個人の人間性や考えが色濃く表現される場となり、ほかのユーザーからのフィードバックは少数の極めてパーソナルな交流と大多数の「いいね！」とに二極化していった。

SNSによる自己表現は画像、動画、音声、文章など多面的となり、人工無脳が生息するのに適した不特定多数のユーザー間での緩やかなつながりをベースとしたチャットの存在感は相対的に薄くなっていった。

一方、それまでのWebサービスはサーバー上で自作のスクリプトを動かせる程度だったのに対し、この時代に入ってOffice系のソフトのように巨大なサービスをクラウド経由で実行するインフラが整備された。

2.6 人工知能技術商業化の時代 (2011〜)

それまで研究者ベースであった人工知能の技術がコンピュータの計算能力向上で企業が実用化できるレベルに達した。人工無脳のアーキテクチャーが進化するのは、まさにこれからかもしれない。

今から振り返れば氷河期とも思えるSNSの時代は、人工知能関連技術が雌伏し完成度を高めていた期間だったといえるかもしれない。2011年以降、IBM Watson(2011)、Siri(2011)、Google Now(2012)、Microsoft Cortana(2014)が次々とサービスを開始した。いずれも巨大な計算資源と膨大なデータを束ねて従来できなかったテキストや音声、画像のパターン認識をクラウド経由で可能にし、一般ユーザーが「人工知能的」と感じるような機能を実現した。

身近な例としてはスマートフォン各社の音声認識アシスタント機能をはじめ、IBM Watsonの機能をクラウド経由で利用した玩具Cognitoys Dino(2015)、ソフトバンクのペッパー(2014)や、NTTのサービスを利用したOHaNAS(2015)などが登場した。Web上でも日本マイクロソフトの人工無脳「女子高生AIりんな」(2015)、Ashley Madisonの女性会員偽装ボット(2015)など企業によるチャットボットの公開が活発になった。会話能力を持った(とされる)さまざまなサービスや製品が企業によって手がけられるようになったのがこの時代の大きな特徴である。

だが、IBM Watsonなどの人工知能サービスには莫大なコストがかかり、企業以外の一般ユーザーが気軽にこれらを利用するのは困難であった。にもかかわらず、会話能力の面では従来の人工無脳と比べて進歩を感じられることはまれであった。

※20：THE HUFFINGTON POST. ホーキング博士「人工知能の進化は人類の終焉を意味する」. http://www.huffingtonpost.jp/2014/12/03/stephen-hawking-ai-spell-the-end-_n_6266236.html
※21：GIZMODO. AIの叛乱を笑い飛ばすリナックス創始者. http://www.gizmodo.jp/2015/07/ai_rebel_linux.html

2.6 人工知能技術商業化の時代（2011～）

　一方で興味深いことに、2014年後半から人工知能の特異点問題、すなわち新しい人工知能技術によって人工知能が人間を上回る能力を手にする時代がくるのではないか、人工知能は危険ではないか、といった議論が活発になった[20][21][22][23]。その内容はAIとロボットにより特定の業種は人間が不要となるなど主張として目新しくはないが、AI技術に対して情緒的な反発が急速に強くなりつつあるようである。

　そして、人の知能に迫ろうとする研究に目を向けると、Numenta社のJeff Hawkinsらが脳の理論が2016年にも完成するだろうと述べている[24]。

　また、日本においては全脳アーキテクチャイニシアチブと呼ばれるプロジェクトが2013年に発足し、脳全体の構造をまねることで人間のような汎用の人工知能を作り出すことを目標としている。

　彼らの目指す先に、雑談の相手になる人工知能は果たして出現しうるのだろうか。

　人間であっても相手の心に興味を持たず、心が触れる交流ができていないケースはむしろ多数派と言っていいほどに多い。巨大な計算資源やマネタイズの論理は、その問題を解決する方向には必ずしも向いていない。今こそ創始者Weizenbaumにならい、心のありかたを見つめ、そこに新しいアルゴリズムを探るときなのではないだろうか。

---

[22]：ReadWrite.jp. ロボットが世界を支配することはない―世界をよりよくするだけだ. http://readwrite.jp/archives/24785

COLUMN

人工知能技術の基礎は coursera で学べ！

人工知能には、ゲーム、音声認識、推論、遺伝的アルゴリズム、情報検索、ディープラーニング、ロボットなどさまざまな研究分野がある。これらを支える基幹技術の一つが「機械学習(マシンラーニング)」なのだが、なかなか具体的なイメージを持ちにくい言葉ではないだろうか。

その機械学習は coursera（https://www.coursera.org）で誰でも気軽に学ぶことができる。coursera はさまざまな大学の先生が自らの講義内容をオンラインで配信しているサービスで、認定を受けるには費用がかかるが講義を視聴し、課題を提出するだけであれば無料である。この中で特にお奨めなのが、創設者 Andrew Ng 准教授による Machine Learning のコースである。動画は英語だが日本語字幕もあり、直観的な理解がついてくるようにわかりやすく説明されている。

講義の中では Octave というベクトル計算の可能な言語上で回帰や分類の演算を実際に動作させる課題もあり、具体的なコードの書き方やアルゴリズムの工夫まで理解できる。

内容は最小二乗法のような回帰分析のアルゴリズムから始まり、シグモイド曲線を利用した分類、ニューラルネットワーク、サポートベクターマシン、OCR までを網羅し、要するに機械学習とは複雑な分布でも効率よく仕分ける分類器を生成する手法なのだ、ということがわかる。

機械学習は人工無脳に新しい能力を持たせるため、また企業の人工知能サービスを手早く理解するため、必ず役に立つ技術だろう。

※23：TechCrunch. 人工知能に「憎悪」をプログラミングする正当性と倫理的な問題. http://jp.techcrunch.com/2015/10/19/20151017programming-hate-into-ai-will-be-controversial-but-possibly-necessary/
※24：今井拓司. 毎日、進歩が加速している 脳の理論が 2016 年末にも完成. 日経エレクトロニクス 2016, No. 6, 44-47

Chapter 3
開発環境と日本語対応

人工無脳のプログラミングでは漢字文字列のパターンマッチング、すなわち漢字をバイト単位でなく文字単位で認識した正規表現を利用できると便利である。Perl以外にもPython、Ruby、PHPをはじめ近年のスクリプト言語の多くはこれに対応している。また、実験に用いる人工無脳は開発者以外の第三者と実際に会話することで能力の評価ができるので、ゲストユーザーが特にクライアントアプリケーションを必要としないCGIで実装する。近年では可読性の高いPythonがスタンダードではあるが、日本のサービスプロバイダではPerlはあってもPythonが利用できない場合がまだまだ多いため、本書ではPerl 5.12以降を用いる。

3.1 CygwinとPerlのインストール

Windows上ではUNIX環境を再現できるCygwinを使い、PerlとCGIが動作する環境を整備しよう。人工無脳のコードはそれほど速度が求められないため、今日では特にストレスなくテストすることが可能だ。

　スクリプトをローカル環境でテストするため、PC上でCGIが動作する環境を用意しよう。すなわち、実験中に限ってローカルでapacheを立ち上げることをお奨めする。LinuxやMac OS X以降では通常Perlやapacheはデフォルトでインストールされている。

　Perlのバージョンを確認するにはシェルのコマンドラインから/usr/local/bin/perl ?vや/usr/bin/perl ?vというコマンドを用いる。バージョンが5.12以降であればそのまま利用できるので、この章は飛ばしてもらって問題ない。Windows環境の場合はCygwinをインストールすれば簡単に環境を構築できる。また、漢字コードは標準的に使われているUTF-8を使用する。

3.1 Cygwin と Perl のインストール

　ちなみに筆者が開発中に遭遇した問題で、Cygwin環境で動いていたスクリプトをLinux系サーバに移したら動かなかった、というものがある。これはWindows上で改行コードがCR+LFのまま作成したCGIスクリプトの先頭行が、Linux上では改行コードがLFであるため#!/usr/bin/perl^Mとして認識され、コマンドが見つからないというエラーになっていたものである。

　このようなトラブルを回避するにはTerapadなどのPerl向きのエディタを使用するのがおススメである。

　Cygwinで実験環境を構築する手順は以下のようなものである。

1. https://www.cygwin.com/ からCygwinを入手する。
2. Cygwinのsetup.exeで、Perl、apacheのパッケージを有効にしてインストールし、パッケージ選択でInterperterを選び、Perl関連のオプションを有効にする。

図3-1：Cygwinのセットアップ

3. Cygwin.batに下記を追加する。

```
set CYGWIN=serve
```

4. Cygwin Terminalのアイコンを右クリックすると「管理者として実行」というコマンドがあるため、これをクリックして起動する。cygserver-configを実行し、質問にはyesと回答する。

```
$cygserver-config
Overwrite existing /etc/cygserver.conf file? (yes/no) yes
Generating /etc/cygserver.conf file

Warning: The following function requires administrator privileges!

Do you want to install cygserver as service?
(Say "no" if it's already installed as service) (yes/no) yes

The service has been installed under LocalSystem account.
To start it, call `net start cygserver' or `cygrunsrv -S cygserver'.

Further configuration options are available by editing the configuration
file /etc/cygserver.conf. Please read the inline information in that
file carefully. The best option for the start is to just leave it alone.

Basic Cygserver configuration finished. Have fun!
```

5. cygserverを起動する。

```
$ net start cygserver
```

6. apacheを起動する。下記のようなメッセージが表示される場合があるが、問題はない。

```
$ /usr/sbin/apahcectl start
httpd2: Could not reliably determine the server's fully qualified
domain name, using xxxx::xxxx:xxxx:xxxx:xxx for ServerName
```

apacheが正常に動いてれば、ブラウザのアドレスバーに「http://localhost/」と入力すると次のような画面が表示される。

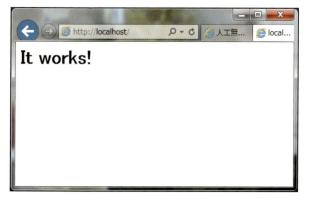

図3-2：apache 動作確認画面

3.2 apacheの設定

CGIをローカルでテストするのに必須なhttpdの代表がapacheである。Web上にはさまざまな情報が見つかるが、開発元の文書を最初から読むのがもっともわかりやすい。apacheの設定周りはバージョンによってあまり違わない。

次にCGIを認識させるため、apacheの設定ファイルを書き換える必要がある。まずは今の設定ファイルの場所を特定するため、whereisコマンドを使ってapachectl（apachectl2の場合もある）を見つけよう。

```
$ whereis apachectl
apachectl: /usr/sbin/apachectl/usr/share/man/man8/apachectl.8.gz
```

この場合、/usr/sbin/apachectlがそれである。そして ?Vコマンドによって現在の設定がわかる。

```
$ /usr/sbin/apachectl ?V
AH00558: httpd: Could not reliably determine the server's fully
qualified domain name, using XXXX::XXXX:XXXX:XXXX:XXX. Set the
'ServerName' directive globally to suppress this message
 .
 .
 .
 -D HTTPD_ROOT="/etc/httpd"
 -D SUEXEC_BIN="/etc/httpd/bin/suexec"
 -D DEFAULT_PIDLOG="/var/run/httpd/httpd.pid"
 -D DEFAULT_SCOREBOARD="logs/apache_runtime_status"
 -D DEFAULT_ERRORLOG="logs/error_log"
 -D AP_TYPES_CONFIG_FILE="conf/mime.types"
 -D SERVER_CONFIG_FILE="conf/httpd.conf"
```

3.2 apacheの設定

　この例では最下行のSERVER_CONFIG_FILE="conf/httpd.conf"がそれで、途中にあるHTTPD_ROOT="/etc/httpd"と合わせて、

```
/etc/httpd/conf/httpd.conf
```

が目的の設定ファイルである。エディタでこれを開き、以下の変更を加える。

　CGIの許可は、

```
#LoadModule cgi_module modules/mod_cgi.so
```

という行があったら先頭の#を削除し、

```
LoadModule cgi_module modules/mod_cgi.so
```

とする。

　最小限の設定は以上である。そのほか詳しい設定はApache HTTPサーバのチュートリアル(https://httpd.apache.org/docs/2.4/ja/howto/cgi.html)を参照してほしい。

　設定を有効にするためapacheを再起動する。

```
/usr/sbin/apachectl restart
```

　ここまでの設定がうまくいっていない場合、次ページの図3-3左のようにソースが直接表示され、CGIが認識されていれば右のように結果が表示される。なお、Internal Server Errorが表示される場合はCGI自体は実行しようとしたものの、エラー等によって適切なHTMLを出力しなかった可能性がある[※1]。

※1：次章以降で紹介する.cgiはいずれもコマンドラインからテスト実行できる。それでhtmlが出力されなかった場合はパーミッションやperlのパスを確認する。

図3-3：CGIの認識

これでCGIを動かす準備は完了である。

apacheを停止する際は、

`/usr/sbin/apachectl stop`

とすればよい。ちなみにローカルでPerlスクリプトをテストする際は/srv/www/cgi-bin/に設置すると、apacheの設定ファイル(.htaccessやhttp-conf)の変更を最小限にできてトラブルが起きにくい。

3.3 PerlでのUTF-8対応

Perlで書かれた古い人工無脳は、EUCやS-JISを生で利用することによる問題を本質的に抱えたままであったが、UTF-8を使うことでそれらは解消された。

言語としてのPerlのチュートリアルは成書やWeb上のすぐれた情報がたくさんあるので、それらを参照していただきたい。本書では比較的新しく整備されたUTF-8に関係した部分として、CGIでUTF-8を扱う方法を示す。

UTF-8を利用する場合、"スクリプトの外部はUTF-8、スクリプトの内部は内部表現で統一する"が原則である。スクリプト外部をUTF-8にするにはCGIの先頭付近に次のような記述をする。

```
use utf8;
use open ':encoding(utf8)';    # ファイルI/O時にutf8に自動変換
use open ':std';               # stdioもutf8に自動変換
use Encode qw(encode decode);
```

EncodeモジュールはPerl標準なのでほとんどの場合インストール不要であるが、そうでない場合はソースをCPANなどから入手する必要がある。

Cookieの入出力やFormデータの読み込みにはdecodeおよびencodeを使用する。

```
$input=decode('UTF-8',$input);
$output=encode( 'UTF-8' ,$output);
```

エンコード・デコードの流れは図3-4のようになる。

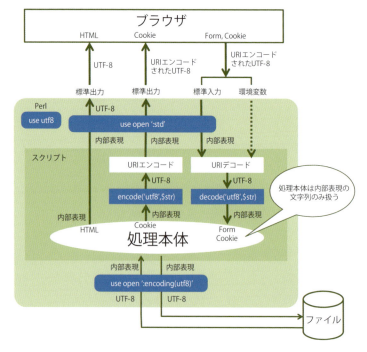

図3-4：エンコード・デコードの流れ

　まずuse utf8プラグマは、スクリプトで使われている漢字コードがUTF-8であることを指示する。また、これにより漢字がバイト単位でなく文字単位で扱われるようになる。

　CGIからHTMLを出力する際はprint文による標準出力を利用する。Perlはスクリプト中でFlagged-utf-8という内部表現を用いており、use open ':std'プラグマを使用しておけば自動的にこれをUTF-8に変換してくれる。

　Cookieも同様に標準出力経由で出力されるが、こちらはencode('utf8',$str)でUTF-8に変換したのち、ワイドキャラクタを%DE%1Fのような形式に変換するURIエンコードをしておく必要がある。

逆に、ブラウザから標準入力や環境変数を介して受け取るデータはUTF-8であるが、URIエスケープが行われている。この文字列をCGI側でURIデコードするとUTF-8文字列が得られるので、それをdecode('utf8'$str)で内部表現に変換する流れになる。

ファイル入出力でも内部コードをUTF-8に変換しており、これはuse open :encoding(utf8)プラグマの指定によって自動的に行われる。

ポイントは、処理本体が直接UTF-8などの内部表現でない文字コードに触れないようにすることである。このルールを押さえておけば、外部の漢字コードはEUCでもUTF-8でもShift-JISでもかまわない。サーバー側のファイルのコードも任意である。Perlスクリプトはutf8指定によって漢字が正しく正規表現で処理できること、近年のブラウザで標準的に使われていることなどから、本書では漢字コードはUTF-8に統一した。

また、UTF-8関連でよく生じる問題にアスキー文字列とワイドキャラクタ文字列を連結した後でUTF-8変換すると文字化けが生じるというものが知られている。内部表現に変換された文字列とそうでないものの混在が原因であるが、encode('UTF-8',$string)は混在したままの文字列であっても処理しているようである。

3.4 正規表現

人工無脳のシステムや辞書を作るのに、正規表現は極めて強力なツールとなる。パターンを使うことでこちらが意図しないマッチングを防ぎ、人工無脳がうまくない返答をするのを防ぐことができる。

　正規表現は文字列のパターンを記述する方法で、例えばすべての.txtファイルを表す*.txtなどもその一例である。正規表現を利用することで、単純な構造のプログラムであってもかなり柔軟な人工無脳辞書を作ることができるので、これをぜひ利用したい。

　よく使う正規表現をまず表3-1に示す。

表3-1　Perlの主な正規表現

メタ文字	意味
^	文字列の先頭
$	文字列の末尾
[…]	文字の集合
[^…]	…以外の文字の集合
\d	10進数字
\D	非10進数字
\w	"[a-zA-Z0-9_]"
\s	空白文字
\S	非空白文字
.	任意の一文字

3.4 正規表現

メタ文字	意味
\p{Katakana}	カタカナ
\p{Hiragana}	ひらがな
\p{Han}	漢字
|	|の左か右にマッチ
(・・・)	グループ化および後方参照
(?:・・・)	グループ化のみ
\g1 … \g9	()で捕捉したマッチ内容の参照
A?	Aのゼロ回または一回の繰り返し(最長)
A*	Aのゼロ回以上の繰り返し(最長)
A+	Aの一回以上の繰り返し(最長)
A{n,m}	Aのn回以上m回以下の繰り返し(最長)
A{n,}	Aのn回以上の繰り返し(最長)
A{n}	Aのn回の繰り返し
A??	Aのゼロ回または一回の繰り返し(最短)
A*?	Aのゼロ回以上の繰り返し(最短)
A+?	Aの一回以上の繰り返し(最短)
A{n,m}?	Aのn回以上m回以下の繰り返し(最短)
A{n,}?	Aのn回以上の繰り返し(最短)
(?=・・・)	ゼロ幅の肯定先読み表明
(?!・・・)	ゼロ幅の否定先読み表明
(?<=・・・)	ゼロ幅の肯定後読み表明
(?<!・・・)	ゼロ幅の否定先読み表明

単純な単語のマッチング

　もっとも単純な正規表現は、以下のような単なる文字の並びである。先に述べた use utf8 プラグマを使用しておけば、日本語文字列も同様にマッチングできる。

　　"Hello World" =~ /World/; ……………マッチング
　　"正規表現でマッチング" =~/正規/;………マッチング
　　"文字列の一部" =~/二部/;………………マッチングしない

　正規表現は文字の並びを文字通りに評価するため、単純な文字の並びでは期待と違ったマッチングが生じる場合や、もうちょっと融通を利かせたい場面がいろいろ現れる。

　　"コーヒーは嫌いじゃない" =~/コーヒーは嫌い/ ……… マッチング（だがマッチングしてほしくない）

　そこで、正規表現ではメタ文字と呼ばれるいくつかの文字を使って記述に柔軟性を持たせる。末尾にマッチングするメタ文字$を使うと、下記のような指定をすることができる。

　　"コーヒーは嫌いじゃない" =~/コーヒーは嫌い$/ ……… マッチングしない（思った通り）
　　"コーヒーは嫌い" =~/コーヒーは嫌い$/ ………………… マッチング

同様に、先頭にマッチングするメタ文字^もある。

　　"佐藤君の車" =~/君の車/ …………………マッチングする（間違い）
　　"佐藤君の車" =~/^君の車/ …………………マッチングしない（正しい）

両方を同時に使うこともできる。

"東京都新宿区" =~/^京都$/ ・・・・・・・・・・・・・ マッチングしない（正しい）

文字クラス

　候補となる文字を列挙してメタ文字[]で囲うと、候補のうちどれかが一つが見つかれば一致とみなす。これにより数字や漢字など、文字の種類は指定したいがその内容は何でもかまわないといった指定が可能になる。

/[0123456789]/;・・・・・・・・・・・半角数字にマッチングする
/[0-9]/;・・・・・・・・・・・・・・・・・・・範囲をハイフンでつないでも同じ働きをする
/[a-zA-Z]/;・・・・・・・・・・・・・・・・大文字・小文字を問わずアルファベット一文字
　　　　　　　　　　　　　にマッチングする

また、以下のような略記が可能である。

\d・・・・・・・・・・・・・・・・・・・・・・・・・・10進数字にマッチング
\D・・・・・・・・・・・・・・・・・・・・・・・・・非10進数字にマッチング
\w・・・・・・・・・・・・・・・・・・・・・・・・・「単語」文字 ("[a-zA-Z0-9_]") にマッチング
\W・・・・・・・・・・・・・・・・・・・・・・・・「単語」文字以外にマッチング
\s・・・・・・・・・・・・・・・・・・・・・・・・・・空白文字にマッチング
\S・・・・・・・・・・・・・・・・・・・・・・・・・空白文字以外にマッチング
.・・・・・・・・・・・・・・・・・・・・・・・・・・・改行文字以外の任意の一文字にマッチング
\p{Katakana}・・・・・・・・・・・・・・カタカナにマッチング
\p{Hiragana}・・・・・・・・・・・・・・ひらがなにマッチング
\p{Han}・・・・・・・・・・・・・・・・・・・漢字にマッチング

　カタカナのマッチングは名詞を比較的単純に抽出できるので便利である。また、カタカナ語には長音「ー」と名前などで使う中点「・」を含めたほう

が使いやすいので、カタカナ語の一文字にマッチングする正規表現は、

　　/[\p{Katakana}・ー]/

と表すことができる。なお、カタカナをコードの範囲で表記することは可能であるが推奨しない。これは内部表現がUTF-8系の実装になっていることに依存してしまうためである[※2]。参考までにUTF-8のコード表では、カタカナとひらがなのコードは、

```
E382A1  ァ      E38181  ぁ
E382A2  ア      E38182  あ
   ⋮              ⋮
E382BF  タ      E381BF  み
E38380  ダ      E38280  む
   ⋮              ⋮
E383B6  ヶ      E38293  ん
```

となっており、カタカナの場合コードはタとダの間で不連続である。したがってカタカナの全範囲を示す文字クラスは[ァ-タダ-ヶ]であり、カタカナ語のそれは[ァ-タダ-ヶ・ー]となる。同様にひらがな語の一文字にマッチングする文字クラスはコード表の不連続な点を考慮すると[ぁ-みむ-ん・ー]となる。このように、カタカナ・ひらがなはコードの範囲で記述してもソースが美しくなるわけではない。それもあってこちらの方法はお勧めしない。

　　/[ァ-タダ-ヶー・]/; ……… カタカナ語の一文字にマッチング(推奨しない)
　　/[ぁ-みむ-んー・]/; ……… ひらがな語の一文字にマッチング(推奨しない)

　文字クラスの先頭にある^は反転文字クラスを表し、[ ]の中にない一つの文字にマッチングする。

※2：ちなみにPythonはUnicode系である。

/[^0-9]/; ………… 数字以外にマッチング
/[^]/; …………… 空白以外のすべての文字にマッチング

文字の並びのマッチングとグループ化

犬と猫のようにそれぞれ一文字であれば[犬猫]と表すことができる。黒猫と三毛猫など一文字に限らない場合のマッチングは、黒猫|三毛猫のように表す。

/私|わたし|僕|ぼく|俺|おれ/; ……… いろいろな一人称にマッチング
"cats" =~ /c|ca|cat|cats/; ………… "c"にマッチング

二つ目の例では正規表現が先頭から評価されるため、catsにマッチングさせたい場合は長いものから順に並べる。

"cats" =~/cats|cat|ca|c/; ………… "cats"にマッチング

()を使うと正規表現をグループ化することができ、重複を避けた表現ができる。()はネストして使うこともできる。

/(黒|三毛|虎)猫/; ………………………黒猫、三毛猫、虎猫にマッチング

マッチングした文字列の参照

メタ文字()でグループ化した正規表現にマッチングした文字列は、後から参照することができる。()が複数あったりネストしている場合、開きかっこ"("の登場した順番に、Perlの変数$1,$2,$3・・・にそれぞれの文字列が格納される。

```
"私は12月生まれです" =~ /((1|2|)[0-9])月生まれ/;
print $1;   # $1= "12"
print $2;   # $2= "2"
```

また、あえて格納しないようにする場合は()の代わりに(?:)を用いることで、後から参照するときに混乱を避けることができる。

```
"私は11月3日生まれです"  =~  /([1-9](?:0|1|2|))月([1-9](?:[0-9]|))日生まれ/;
print $1;   # $1= "11"
print $2;   # $2= "3"
```

マッチングの繰り返し

　実際に検索したい単語などは長さがまちまちで、そのすべてに対して正規表現を組み立てるのは煩雑に過ぎる。これは?,*,+,{}といった量指定子を使って解決できる。

A?	'A'のゼロ回または1回の繰り返しにできるだけ長くマッチング
A*	'A'のゼロ回以上の繰り返しにできるだけ長くマッチング
A+	'A'の1回以上の繰り返しにできるだけ長くマッチング
A{n,m}	'A'のn回以上m回以下の繰り返しにできるだけ長くマッチング
A{n,}	'A'のn回以上の繰り返しにできるだけ長くマッチング
A{n}	'A'のn回の繰り返しにマッチング

　これらの繰り返し回数はデフォルトでもっとも貪欲であり、一番左から可能な限り長くマッチする。これを最小にするためには以下の量指定子を用いる。

A??	初めに空にマッチングするか試し、次に'A'を試す
A*?	'A'のゼロ回以上の繰り返しにできるだけ短くマッチング
A+?	'A'の1回以上の繰り返しにできるだけ短くマッチング
A{n,m}?	'A'のn回以上m回以下の繰り返しにできるだけ短くマッチング
A{n,}?	'A'のn回以上の繰り返しにできるだけ短くマッチング
A{n}?	'A'のn回の繰り返しにマッチング

人工無脳では、量指定子が主役になるこんな正規表現が役に立つ。

/.{15,}/;　……………　15文字以上の長いセリフ（ユーザが積極的に何か語っている）
/\p{han}{7,}/;　………　おそらく難しい専門用語

先読み表明と後読み表明

日本語はスペースで単語が区切られておらず漢字に複数の読み方がありうるため、正規表現でこれを正しく捕捉するのが難しい場合が多々ある。

"日本人" =~ /本人/;　…マッチするが意図と違う

そのような場合はゼロ幅の先読み表明や後読み表明でこれを補う。

(?=…)	ゼロ幅の肯定先読み表明
(?!…)	ゼロ幅の否定先読み表明
(?<=…)	ゼロ幅の肯定後読み表明
(?<!…)	ゼロ幅の否定後読み表明

/(?!日)本人/　………　"本人"にマッチするが"日本人"にマッチしない

最後に"ハドロン粒子"、"強力X線"、"5億500万年前"などいろいろな単語にマッチする正規表現を組み立てる。単語には漢字、カタカナ、英数字が含まれる。また単語の二文字目以降には、これらに加えて"・"や"ー"があってもよい。二文字目の文字は0個以上がありうるので、末尾に*をつける。以上から単語を表す正規表現は次のようなものとなる。

```
/[\p{Han}\p{Katakana}a-zA-Z０-９0-9][\p{Han}\p{Katakana}a-zA-Z０-９0-9・ー]*/
```

COLUMN

次世代開発環境の今

Perl/CGIが盛んに利用されていたのはネットワーク化時代(1995〜2005)のあたりである。2016年現在、Perlに変わってPythonやJavaがスタンダードな言語となり、Webアプリを動作させるプラットホームとして企業はPaaSを一押しにしている。代表的なPaaSにはIBM Bluemix、Google App Engine(GAE)、Amazon Web Services(AWS)などがある。この中で人工無脳のような軽量のアプリケーションを無料で稼動させられそうなのはGAEである。

これらのPaaSはいずれも「コードを書くだけで簡単アプリ」などと謳っているが、実際に触ってみると課金にまつわるIDの取り回し、ベータ版が多く頻繁に変わるモジュールの仕様、拠点の多くが海外にあることによる速度的、サポート的な扱いにくさ、膨大な文書などがあってとても手軽に開発できるような状態ではない。Perl/Apacheが友達とのBBQなら、Python/GAEは飲食店みたいなものだ。何をするにもお役所におうかがいがいる。

簡単そうに紹介されているのは企業ならではのプッシュであって、Perlやapacheに対する評価とはベクトルが違うつもりで眺める必要がある。

なお、言語としてのPythonは可読性の高さもあって移行すべきと考えている。PaaSは2016年後半にようやくGAEの東京ロケーションが開設されるとのことであり、そろそろ様子見を始めるといった段階なのではないだろうか。

Chapter 4
人工無脳を作る

雑談は極めて身近な体験であるが、その中身を一つ一つ見ていくと大変奥の深い現象である。表面的には雑談の中で重要な情報交換や決断はあえて行われず、一見あまり意味のない行動のようにも見える。しかし雑談を交わすと「楽しかった。今度また話したい」や「なんかしんどいわ・・・」「イラッとしたけど、相手は気づいてないよね」のように強い感情が呼びさまされることも多いだろう。また、雑談は仲間内や親しくなる必要のあるお客さんなどとの間で交わされ、実際には相手の人となりの把握、コミュニティの維持、自分の立ち位置の確保・確認など意識されてはいないが明確に社会的な目的がある。しかし、その細部までをいきなりアルゴリズムとしてイメージできるわけではない。そこで、本章では人工無脳作りを以下のステージに分けて一つずつ扱う。

STAGE 1	STAGE 2	STAGE 3
基本の人工無脳	雑談の戦略	エピソードを語る
キャラクタ設定、人称、挨拶、相槌	雑談の骨組みを組み立てる	エピソード記憶により肉付けを行う

4.1 STAGE 1：基本の人工無脳

人工無脳を作り始めてすぐに壁に突き当たる開発者の多くは、キャラクタ設定を充分詰めていないことでつまずく。Web上で利用できる、イメージを膨らませるのに役立つツールを使っていこう。

　人工無脳のキャラクタ設定から、一人称、二人称、挨拶、相槌の設定を行う。挨拶までは雑談の流れが決まっているため辞書を作りやすい。また、ほんの少しであるが、人工無脳との会話の気分を味わうこともできる。

STEP 0：チャームポイントとキャラクタ設定

　雑談をしてみたいとユーザーに感じさせるためには、魅力的な人工無脳を用意することが重要である。実は人工無脳開発者にとってもこの魅力は大切で、時に忍耐を要求される人工無脳の作り込みを面白いものにできるかどうかにも直結する。そこで、人工無脳作りの最初のステップをキャラクタ設定から始めよう。

　映画や演劇ではテーマとモチーフが柱となり、それに加えて魅力的な要素がなければ観客を引き込むことはできない。一方、雑談で交わされる内容に明確なテーマやモチーフは必ずしも必要でないが、魅力的な要素は必要である。新井一は優れたシナリオに見出される魅力を、人物の魅力、場所の魅力、疑問の魅力、行動の魅力の4つに分類した[※1]。これを人工無脳的に解釈しなおしてみよう。

魅力的な人物

　映画には魅力的な俳優が欠かせない。登場人物の占める割合が大きい人工無脳ではなおさらであろう。女子高生（りんな）や不倫相手（Ashley Madison）はストレートな例である。ドラッカーの解説本に運動部の女子マネージャーをいきなり組み合わせた例もあり、キャラクタとしての女性が持つ効果の大きさは計り知れない。

　ただし、これはユーザーや開発者に男性が多い場合の視点かもしれない。女性向けには魅力的な男性キャラクタが用いられることもある。男性であると同時に女性的な面も備えたオネエキャラにも根強い人気がある。

　そのほかでは、いつの時代でもキャラクタ商品の途切れることがない猫やリス、フクロウ、流行りものの動物としてはハリネズミ、カピバラなどはよく見かけるのではないだろうか。想像上の存在である天使、悪魔、ドラゴン、ロボットなどでもかまわない。

※1：新井一, シナリオの基礎技術；ダヴィッド社, 1985

魅力的な場所

　場の魅力にもユーザーを引き込む力がある。一言でいえば美しい場所であるが、整備された公園や絵画的な風景に限らず、例えば街並み、廃墟、森、工場、ダム、宇宙、噴火する火山など景色的なスケールのもの、実験室、教室、ラウンジ、中庭といった舞台的なサイズのものも魅力的である。さらに巨木、大水槽、大掛かりな装置、楽器、溶鉱炉、乗り物、巨大生物、石像のような大道具にいたるまで、人々をひきつけるような情景はいろいろと考えられる。書店で写真集の棚を眺めると参考になる。

魅力的な謎

　ドラマの冒頭で事件を予感させるような断片的なシーンが使われることがある。視聴者が「これから何が起きるんだろう？」と感じたら、その結末がわかるまで途中でチャンネルを変えずに見届けたいと思うものである。人工無脳でそこまでの仕掛けをした例はきわめて少ない。ぜひ挑戦してもらいたい領域である。

魅力的な行動

　アクションシーン、手術シーン、探偵の推理シーンなど、活力を感じさせる場面は映画の中でも大きな見どころになっている。人工無脳ではElizaがカウンセラーとして振る舞うように作られており、キャラクタ設定は名前と職業だけであったが多くのユーザーを魅了した。

　これらの魅力を軸にして、しゃべるシーンが多い役割をいくつか考えてみた（次ページの図4-1）。皆さんもぜひ自分のアイデアを加えてみてほしい。

　今回はこの中で季節や時間による話のパターンを増やす際のネタを提供しやすく、どのユーザーにもある程度想像してもらいやすいという点から、中庭で花と植物の世話をするのが趣味の人物（庭園の主）を採用したい。

4.1 STAGE 1：基本の人工無脳

図4-1：魅力とキャラクタの役割

　役割の次は舞台と外見を決める。舞台は自分で用意した絵や写真でもいいし、googleで画像検索してイメージを膨らませてもよい。

　気に入った一枚がなければ、いくつかを切り貼りしてコラージュする方法もある。画像検索すると屋内か屋外か、植物の量、庭の広さ、海が見えるかどうか、何人くらい集まる場か、料理があるかなど、初めは思いつかなかったような舞台を考えるきっかけになる。見つけた絵はチャットcgiで利用することもできるので、版権フリー画像がダウンロードできるサイト（"free photo"でググる）を利用すると便利である。今回は図4-2をキービジュアルとして用いる。

図4-2：中庭（FREEIMAGES.com）[2]

※2：http://jp.freeimages.com/

なんとなく気に入った程度で選んだ写真でも、そこには開発者の潜在意識が色濃く反映されている。それを改めて意識するために、写真から情報を引き出してみよう。

　この場所は石畳と歴史を感じさせる建物に囲まれており、大きな植物もあることからゆっくりした時の流れが許容される雰囲気が感じられる。

　石畳には２脚のイスとガーデンテーブルがある。イスの数がもっと多ければカフェのように人が常に入れ替わるような活気を思い浮かべるが、２脚だとプライベートな空間に思える。石畳が通路の終点でその奥が小ぶりの扉であり、看板の類も見当たらないことからも、この場所が人通りの少ないプライベートな場所であることが想像できる。その一方できらびやかな店内からはこの場所はよく見え、庭として客人の目を楽しませる役割を持って生きていることが感じられる。植物は地植えのイチジクのような果樹と鉢植えの観葉植物で、おそらく温かい地中海の気候である。今は花が見られないが、季節によって鉢植えの種類は変わってもいいだろう。今準備している途中という設定にしてもよいかもしれない。

　写真から庭の日常を膨らませて考えていけば、人工無脳の人となりも何となく見えてくる。例えばこの人物はここ、おそらくホテルで働いている従業員であるが、前から個人的に花や植物を趣味で育てていた。そして知識を見込まれて最近庭のリニューアルと管理を任されるようになった。という感じはどうだろうか。ここから人工無脳の外見は20~30才、接客できる制服姿である。庭の世話をするときには上からエプロンをつけることもあるかもしれない。性別は何であっても可能であると思うが、今回は女性としたい。

　場所は現代ヨーロッパである。いろんな人種がいてもいいので名前は一般的なものでかまわないだろう。今回はヨーロッパでポピュラーな女性名[※3]からソフィーを選んだ。

※3：http://www.studentsoftheworld.info/penpals/stats.php3?Pays=XWE

一方、人工無脳ソフィーから見てユーザーはホテルの宿泊客か観光客で、頑張って世話してきれいにしているつもりではあるが、あまり見にきてくれる人のない庭にユーザーが足を運んでくれて、ソフィーは喜んでいる。このあたりからソフィーの性格も大まかに見えてくるのではないだろうか。

　最後に、ソフィーがどんな分野の知識を持っているのか想像しておこう。実際には開発者が知っている分野になりがちであるが、設定上必要なものは知識を仕入れなければならない。以上を表4-1にまとめた。

表4-1　人工無脳の舞台設定とキャラクタ設定

	今回作る人工無脳	あなたの人工無脳
1. チャームポイント	□ 魅力的な人物（　　　） ☑ 魅力的な場所（中庭） □ 魅力的な謎　（　　　） □ 魅力的な行動（　　　）	□ 魅力的な人物（　　　） □ 魅力的な場所（　　　） □ 魅力的な謎　（　　　） □ 魅力的な行動（　　　）
2. キービジュアル	ヨーロッパの歴史あるホテルの中庭	
3. キャラクタの暮らしと人となり	20〜30才の女性。ホテルの従業員で庭の世話を任されている。お気に入りの庭を見にきてくれる人がいると嬉しい。	
4. ユーザーの立場	ホテルの宿泊客か観光客	
5. 名前	ソフィー	
6. キャラクタの性格	□ 従順　□ 自発的　□ 活発　□ 思慮深い　□ 話好き　☑ 好奇心　☑ 明るい　□ 誠実　□ 粘り強い　□ 思いやりがある　□ 不安がある　□ 0か100かで考えがち　□ かまってほしい　□ 親密になれない	□ 従順　□ 自発的　□ 活発　□ 思慮深い　□ 話好き　□ 好奇心　□ 明るい　□ 誠実　□ 粘り強い　□ 思いやりがある　□ 不安がある　□ 0か100かで考えがち　□ かまってほしい　□ 親密になれない

7. 技能	□格闘　□武術　□球技　□水泳　□トレッキング　□音楽　☑絵画　□写真　□コンピュータ　□運転　□修理　□料理　□動物飼育　□植物栽培　□一般科学　□文学　□芸術　□歴史　□考古学　□医学　□心理学　□人類学　□生物学　□地質学　□電子工学　□天文学　□動物行動学　□物理学	□格闘　□武術　□球技　□水泳　□トレッキング　□音楽　□絵画　□写真　□コンピュータ　□運転　□修理　□料理　□動物飼育　□植物栽培　□一般科学　□文学　□芸術　□歴史　□考古学　□医学　□心理学　□人類学　□生物学　□地質学　□電子工学　□天文学　□動物行動学　□物理学

STEP 1：UIのデザイン

　人工無脳とユーザーが1対1で会話を行うチャットCGI'chat.cgi'を作成する。ユーザーインターフェースのデザインはメッセンジャーアプリなどでよく見られる、ユーザーの発言が右からの吹き出し、人工無脳の発言が左からの吹き出しになるレイアウトを用いる。吹き出しの形状やデザインはCSSで処理する。キービジュアルが縦長なので、左半分に配置しよう。

図4-3：人工無脳チャットのUIデザイン

4.1 STAGE 1：基本の人工無脳

　今回のチャットでは観光客か宿泊客であるユーザーが人工無脳のいる庭を訪れた、という設定である。人工無脳がもてなす側なので、人工無脳の挨拶から会話が始まるようにしたい。それを念頭に、OnPreview、OnCreate、OnWriteの三つの状態を持つCGIを作る。

　初めにCGIが呼ばれたときはOnPreview状態で、会話ログをレンダリングし、「ログイン」のボタンを置いておく。これを押すとOnCreate状態に移り人工無脳が挨拶を生成し、会話ログと入力FormのあるHTMLをレンダリングして終わる。

　ユーザーがFormに発言を書き込んで送信するとCGIはOnWrite状態に移り、ユーザーの入力文字列、人工無脳の返答、ログの書き込みを行った後HTMLを出力して終わる。以降、ユーザーの入力を受けとるたびOnWriteが繰り返される。OnWrite状態から「ログアウト」をクリックするとOnPreviewに戻る。

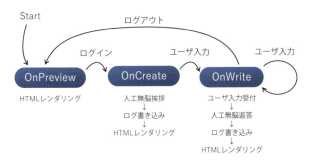

図4-4：人工無脳チャットの状態図

　このCGIでは人工無脳の発言が自然に見えるように、ユーザー入力から少し遅れて表示されるようにした。これは一つのHTMLの出力の中で、人工無脳の最新の吹き出しのstyle.displayを最初'none'にしておき、Javascriptで設定した時間が経過したのち、style.display=' 'に上書きする方法で実現している。

STEP 2：辞書型人工無脳の基本構造とタグの展開

人工無脳チャットのソースは

http://www.ycf.nanet.co.jp/~skato/muno2/2016rutles/stage1.zip

からダウンロードでき、zipファイルには以下のファイルが含まれている。

表4-2　exp1.zipの内容

ファイル名	パーミッション	内容
arsd.pm	644	辞書型人工無脳モジュール
arsd_log.txt	666	人工無脳が生成した返答の詳細なログファイル
arsstat.cgi	755	簡易のログ解析cgi
chat.cgi	755	人工無脳チャットcgi
chat.css	644	吹き出しのデザインを定義したスタイルシート
chat_log.txt	666	チャットのログ
sophie-main-1.0.txt	644	辞書

インストールは以下の手順で行う。

1. ファイルをcgi実行可能なディレクトリに展開する。
2. 表4-2に従ったパーミッションを設定する(Cygwinでは不要)。
3. chat.cssをユーザーのデザインに合わせて書き換える。
4. 辞書ファイルsophie-main-1.0.txtの中に$ExtCSS$で始まる行があるので、これをユーザーのchat.cssを示すパスに書き換える。

人工無脳を動作させるエッセンスの部分を説明する。まず、おはようと言われたらおはようございますと返事する、というような方法で会話するには、

4.1 STAGE 1：基本の人工無脳

ハッシュ %Main を作って、ユーザーのセリフと人工無脳の返事のペアを格納しておく。人工無脳が知らない言葉を言われたら、とりあえず「そう」と返答しておこう。

　返事を生成する関数 ReplyTo では、%Main に含まれるキー文字列を正規表現としてユーザー入力 $input がマッチするかどうかを調べる。最初にマッチしたキーに結び付けられた値を返答として返す。ここまでをコーディングすると、

例1

```perl
%Main = (
  'おはよう' => 'おはようございます',
  '好きなもの' => 'コーヒーが好きです',
  '今日は楽しかった' => 'ありがとう！',
  '$NotFound$' => 'そう'
);

sub ReplyTo
{
    my $input=shift;
    foreach my $key (keys %Main)
    {
        if($input =~ /$key/)
        {
            return $Main{$key};
        }
    }

    return $Main{'$NotFound$'};
}
```

となる。これで最小限の人工無脳ができあがりである。ためしにこの人工無脳との会話シーンを想像してみよう。

例2　最小の人工無脳との会話

ユーザー：おはよう！
人工無脳：おはようございます
ユーザー：今日はいい天気だね！
人工無脳：そう
ユーザー：どこか遊びに行こうかな。
人工無脳：そう
　　　：

　この例では辞書にあるのは「おはよう」であるが、人工無脳は「おはよう！」にも返事をしている。これはキーの文字列を正規表現として扱っているために可能になっている。その一方で、会話全体ではほとんどの場合「そう」という返事しかできない。そこで、同じキーに何通りかの返答を用意した場合は、それらの中から一つをランダムに選んで返すようにする。さらに文字列の一部に変化を持たせるためタグ展開と呼ぶ機構を取り入れる。

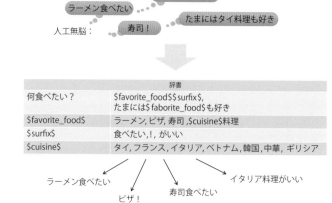

図4-5：タグの展開

　返答の中に、'$favorite_food$'のように$で囲まれた文字列（これをタグと呼ぶ）があればもう一度辞書を検索して'$favorite_food$'というキー

が存在するか調べ、見つかった場合は'$favorite_food$'とペアになっている値で置き換える。すなわち、返答文字列の中に含まれる$favorite_food$はラーメン、ピザ、寿司・・・のうちランダムに選ばれた一つに置きかえられる。このタグの展開は再帰的に行われ、$cuisine$料理はタイ料理、フランス料理・・・の中からランダムに選ばれた一つに置き換えられる。

以上で説明したタグ展開をコーディングしたのが例3である。

例3

```perl
sub ReplyTo
{
    my $input=shift;
    foreach my $key (keys %Main)
    {
        if($input =~ /$key/)
        {
            return &develop($key);
        }
    }
    
    return &develop('$NotFound$');
}

sub develop
{
    my $key=shift;
    my @vals=split(/,/,$Main{$key});
    
    foreach($vals[rand(1+$#vals)])
    {
        s/(\$[^ \$]+\$)/&develop($1)/eg;
        return $_;
    }
}
```

ReplyTo()はユーザーの入力を受け取り、%Mainに含まれるキーをすべて調べてユーザー入力文字列$inputにマッチングするキー（正規表現）が見つかれば、そのキーに結び付けられた値をdevelop()で処理した上で返す。マッチングするキーがなかった場合には、見つからなかったとき専用の記憶である'$NotFound$'をdevelop()で処理して返す。

　develop()は受け取った文字列の展開を行う。入力文字列を$keyとすると、$Main{$key}は返答の候補をカンマで区切って並べた文字列である。これをsplitして@valsに格納しておき、その中からランダムに一つの候補を選んでいる。それが$vals[rand(1+$#vals)]である。

　この候補に対して、

```
s/(\$[^ \$]+\$)/&develop($1)/eg;
```

という置換を行う。このs///演算子の前半の正規表現は'$weather$'のように'$'で囲まれた連続した非スペース文字列を示し、その文字列は前後の'$'を含めて$1に代入される。

　演算子の後半は、この'$weather$'の部分をdevelop('$weather$')の結果で置き換えることを指示している。すなわちdevelop()の中からdevelop()を呼び出すという、再帰的関数呼び出しを行っている。

STEP 3：人称
　ソフィーが自分を何と呼ぶか、ユーザーを何と呼ぶかを決める。ソフィーの年齢設定が20～30才であり、ユーザーはお客さんであることから、幼稚な印象や崩れた印象の一人称はなさそうである。そこで一人称"I"は「私」「わたし」「わたくし」をランダムに使う、としよう。

例4 一人称

Sohie-dic.txt	
#ブラウザに表示されるタイトル	
$BrowserTitle$	中庭のソフィー
#名前	
$MyName$	ソフィー
#一人称	
I	私 , わたし , わたくし

次に、ユーザーを何と呼ぶかを決める (例5)。UIに記入されたユーザー名は特殊なタグ%Username%で取得することができる。回答の候補に同じものが複数ある場合も、選ぶルールは同じである。したがってこの場合、"%Username%さん" の使われる確率がほかよりも多くなる。

例5 二人称

Sohie-dic.txt	
#二人称	
You	%Username%さん , あなた , お客様 , %Username%さん ,

STEP 4：はじまりの挨拶と時間によるバリエーション

爽やかな挨拶から会話が始まると、やはり気持ちがいい。ソフィーは庭にいてお客さんを迎える役割なので、ソフィーから挨拶するのがよいだろう。

始まりの挨拶は「おはよう」「こんにちは」「こんばんは」など時間によって変化する。それを実現するのに特殊なタグ%Hours%を利用しよう。このタグは展開されると、深夜ならMidnight、午後ならAfternoonなどの文字列に置き換わる。例えば$Greeting_%hour%$は深夜に展開されると

$Greeting_Midnight$になるので、これを利用して時間による反応の場合分けを表現することができる。

例6　時間によって変化する挨拶

Sohie-dic.txt	
#挨拶	
$Greeting$	$Greeting_%Hours%$
$Greeting_Midnight$	こんばんは。
$Greeting_EarlyMorning$	おはようございます！
$Greeting_Morning$	おはようございます！
$Greeting_Afternoon$	こんにちは。,今日は。
$Greeting_Evening$	こんにちは。,こんにちは。お疲れ様です。
$Greeting_Night$	こんばんは。,こんばんは。いい夜ですね。

時刻による変化があるのであれば、季節でも変化したら面白いのではないだろうか。%Month%タグは現在の月を示す数字に置き換わる。これを使って時候の挨拶を作ることができる。

例7　季節によって変化する挨拶

Sohie-dic.txt	
#挨拶	
$Greeting$	$Greeting_%Hours%$,$Greeting_%Month%$
$Greeting_1$	$Greeting_2$
$Greeting_2$	今日は。今日は寒いですね。
$Greeting_3$	ごきげんいかがですか。桜の季節ですね。
$Greeting_4$	$Greeting_6$

4.1 STAGE 1：基本の人工無脳

$Greeting_5$	$Greeting_6$
$Greeting_6$	こんにちは。緑がとてもきれいになってきました。好きな季節です。
$Greeting_7$	そろそろ暑くなってきましたね。
$Greeting_8$	今日も暑いですね。体調はいかがですか？
$Greeting_9$	$Greeting_8$，暑くて植物もつらそうです。
$Greeting_10$	今日は。涼しくなってきましたね。
$Greeting_11$	今日は。お客さんは紅葉見にいきました？
$Greeting_12$	今日も寒いですね。外での作業はつらいシーズンです。

ここで例7にはいくつか '今日は' という日中の挨拶が使われている。これを時間に対応した挨拶にするには、その部分を例6で作ったタグ $Greeting_%Hours%$ で置き換える。さらに、どの月の返事でも当てはまりそうであれば、もとの $Greeting$ の返答に $Greeting_%Hours%$ を加えるとよい（例8）。

例8　時刻と季節によって変化する挨拶

Sohie-dic.txt	
#挨拶	
$Greeting$	%Greeting_%Hours%$$Greeting_%Month%$,$Greeting_%Month%$
$Greeting_1$	$Greeting_2$
$Greeting_2$	今日は寒いですね。
$Greeting_3$	もうそろそろ桜の季節ですね。
$Greeting_4$	$Greeting_6$
$Greeting_5$	$Greeting_6$

$Greeting_6$	緑がとてもきれいになってきましたね。
$Greeting_7$	そろそろ暑くなってきましたね。
$Greeting_8$	今日も暑いですね。体調はいかがですか？
$Greeting_9$	$Greeting_8$，暑くて植物もつらそうです。
$Greeting_10$	涼しくなってきましたね。
$Greeting_11$	お客さんは紅葉見にいきました？
$Greeting_12$	今日も寒いですね。外での作業はつらいシーズンです。

STEP 5：挨拶への返答

　さて、ソフィーの挨拶に対してユーザーからもいろいろな言い回しで挨拶が返ってくることが期待される。想定されるのは、

人工無脳：おはようございます。もうそろそろ桜の季節ですね。
ユーザー：おはよう。桜はいいねえ。

人工無脳：今日は。
ユーザー：ちわ。

というように、人工無脳の挨拶に挨拶を返す内容や、人工無脳の振った話題に乗った返事である。

　人工無脳の挨拶と比べ、ユーザーの挨拶には遥かに多くのバリエーションがある。さまざまな挨拶を捕捉するにはすべてを書き下すのも一つの方法であるが、会話のログを調べてみると、「こんにちは」一つをとっても漢字の有無、句読点の有無や数というような本質的でない違いもたくさん見られるため、正規表現を使うのが効率がよい。例えば、

こんにちは
こんにちは。
今日は！
こんにちはー
今日は。。。

のどれにでもマッチし、「うーん。今日はいかないと思います」などにマッチしない正規表現は以下のようになる。

^(こんにちは|今日は)[。！ー～]*$

すなわち、「こんにちは」または「今日は」で文が始まり、！や～がゼロ個以上続き、そこで文が終わる文字列にマッチする。

「こんにちは」「こんちは。」「ちわ～」のように、言い回し自体がいくつかある場合はタグを使って一つにまとめる方法もある。

例9　挨拶への返答

Sohie-dic.txt	
#挨拶への返答	
^(おはよう|お早う)[。！ー～]*$	$Reply_morning$
^はよー[。！ー～]*$	$Reply_morning$
$Reply_morning$	今日も庭がきれいです。,今日はどちらか、お出かけですか？,朝食はもう食べられましたか？,お庭を見に来ていただいて、ありがとうございます。
^(こんにち|今日)は[。！ー～]*$	$Reply_hello$
^こんちは[ー！～。]*$	$Reply_hello$

^ちわ(〜|っす|ッス)[。!ー〜]*$	$Reply_hello$
$Reply_hello$	いらっしゃいませ。, ご機嫌いかがですか？, お庭を見に来ていただいて、ありがとうございます。
^(こんばん|今晩)は[。!ー〜]*$	$Reply_night$
$Reply_night$	一日お疲れさまでした。, お帰りなさいませ。

STEP 6：さよならの挨拶

雑談の最後をよい挨拶で終わると印象が良くなる。そこで、さよならの挨拶にも工夫をしたい。

まず始まりの挨拶と同様、さよならの挨拶にもさまざまなバリエーションがあるため、できるだけ列挙して捕捉しよう。そして、さよならの場面はユーザーが庭から立ち去ってどこかへ出かけることになるので、それにふさわしいセリフをいくつか用意しよう。

Sohie-dic.txt

#さよならの挨拶

^おやすみなさい。[。!ー〜]*$	$good-bye$
^おやすみ[。!ー〜]*$	$good-bye$
^さよう?なら[。!ー〜]*$	$good-bye$
^バイバイ[。!ー〜]*$	$good-bye$
$good-bye$	いってらっしゃい。, さようなら。, よかったら、またきてください。

COLUMN

スクリプトの拡張

公開しているサンプルモジュール arse.pm は、前述のスクリプトにいくつかの拡張を施したものになっている。これらの実装についてはソースコードを見ていただくこととし、機能と使い方のみ説明する。

%queue　tag%
この特殊タグが辞書（ハッシュ）の値文字列中にあると、以下の動作をする。チャットにおいてユーザのセリフが複数の吹き出しにまたがるのは自然なことである。それを人工無脳で表現するための特殊なタグが %queue% である。%queue% 自体の展開結果は空文字列であり、arse はこのタグに出会うと次に arse::ReplyTo() が呼ばれたときに優先して自動的に tag を発言するように予約する。

%month%
この特殊タグが辞書の値文字列中にあると次のように展開される。タグの展開結果は 1 〜 12 の数字で、現在の月を示す。

%hour%
この特殊タグが辞書の値文字列中にあると次のように展開される。タグの展開結果は 0 〜 23 の数字で、現在の時刻を示す。

%hours%
この特殊タグが辞書の値文字列中にあると次のように展開される。タグの展開結果は Midnight、EarlyMorning、Morning、Afternoon、Evening、Night のうちどれかで、現在時刻を 4 時間ごとのゾーンに分けたものを示す。

%nop%
この特殊タグが辞書の値文字列中にあると次のように展開される。タグの展開結果は空文字列である。人工無脳チャットは人工無脳の吹き出し自体を生成しないようにする。これによって人工無脳の沈黙を表現できる。

%ars%
この特殊タグが辞書のキー文字列中にあると次のように作用する。ユーザから受け取るセリフを観察すると、人工無脳を呼ぶのに○○君とかあなたとか、君、などのいろいろな二人称が使われているが、意味は同じである。辞書がこれに対応するならば、

○○君の好きなものは？　私はコーヒーが好きですよ
あなたの好きなものは？　私はコーヒーが好きですよ
君の好きなものは？　私はコーヒーが好きですよ

というように毎回煩雑な記述をすることになる。これを簡略化するため、人工無脳の名前や二人称は一括して、

%ars% の好きなものは？　私はコーヒーが好きですよ

と表すことができる。

%user%
この特殊タグが辞書のキー文字列中にあると次のように作用する。ユーザから受け取るセリフの中に一人称やユーザ本人の名前を見つけた場合それを %user% に置き換える。

STEP 7：対応できない言葉への対応

これで人工無脳は挨拶ができるようになったが、それ以外の部分はまったく空白のままである。そんな人工無脳は雑談の本体すべてに$NotFound$を使って硬直的な返答をしてしまっている。ここから初めて雑談の戦略について考えることになるのであるが、現状でまずユーザーをあまりがっかりさせないために、最低限の工夫をしておこう。すなわち、$NotFound$にたくさんの候補を仕込むことである。

Sohie-dic.txt	
#返答できない場合	
$NotFound$	なるほど。,うん。,%nop%,わかりました。,そうなんだ…,それから？,ちょっと聞いてくださいよ。,うーん,そうなんですか？,うんうん,そう,わかりました。,へー？,そうなの？

STAGE 1の人工無脳は以下のURLで動作しているのを確認することができる。

http://www.ycf.nanet.co.jp/~skato/muno2/2016rutles/stage1/sophie.html

●●●

「博士！博士起きてください！」
鈴のように心地よい声を聞いて、彼は目を覚ました。
ここはどこだろう。いつの間にかテーブルに突っ伏して眠っていたようだ。顔には冷たい金属の感触がある。あたりはひんやりした爽やかな空気で満たされ、小鳥のさえずりが聞こえる。周りを見渡すと、高い建物に囲まれた石畳の庭のようだ。傍らには先ほど声をかけてきた女性が微笑んでいる。パリッとした気品を感じさせる服装だが、動きやすそうな軽やかさもある。

博士・・・?　彼女は自分のことをそう呼んだのだろうか。だが、博士と呼ばれる心当たりはない。
そう。眠る前に何をしていたんだろう。
たしかPCに向かって人工無脳の辞書を作るのに苦心していて、そのまま疲れて寝てしまったのだ。
そういえばこの空間は見覚えがある。写真だ。人工無脳を作るのにどうしても必要だと言われて、たくさんの中からとりあえず選んだあの一枚。今その写真の場所にいるようだ。
でも、それがどの国のどの街なのかは知らない。知らないのに、なぜこられたのだろう。
写真と違うところもある。あれは夕暮れの景色だったはずだが、今は早朝のようだ。なら、ここにいる女性は?

彼が戸惑うようなまなざしを女性に向けると、彼女は答えた。
「ソフィーです。あなたが作ろうとしている。」
「・・・作ろうとしている?」
「ええ。人工無脳です。」
この空間、そして自らを人工無脳ソフィーと呼び、なぜか自分を知っている人物・・・
人工無脳を作り始めたことはまだ誰にも言っていない。いたずらにしても不可能だ。そうか、自分は今夢を見ているんだな。
眠っている間に見る夢の中には、自分で夢と自覚できる「明晰夢」がある。ありえないシチュエーションにもかかわらずどこか腑に落ちている夢独特の感覚の中で、彼はちょっと嬉しくなって、あらためて周りを見回しながら深呼吸した。

「お早うございます博士。」
「おはようソフィーさん。ここは?」
「ホテルの中庭ですよ。昨日夜遅くに帰ってこられたのは知っていたん

ですが、お疲れだったみたいですね。」
何気なくやり取りをしながら、彼は気が付いた。今が夢の中なら、このソフィーという存在のセリフは誰が考えたのだろう。
「急に変なこと聞くけど、今夢見てる最中のはずなんだよね。その夢の中にいるソフィーさんって、どうやってしゃべってるんだろう？」
「どうやって・・・と言われましても。」
「自分の頭の中ですべてが作られているはずなんだけど、こうやって別の誰かと話ができるのが不思議というか。」

心の中で自分の意識は途切れることなく感じている。ソフィーの意識とタイムシェアリングしているような気はしない。体を動かせばいつも通りに見えている景色は変わるし、手も思ったように動く。自分の体の感覚はあるようだ。

ソフィーの体の感覚を自分が体験してるだろうか？
それはなさそうだ。身長や服装が違う誰かの視点と頻繁に入れ替わってるなんてことはない。ソフィーが見ている景色、つまり自分が椅子に座っている景色が急に見えたりもしない。
では、ソフィーのセリフ誰がどうやって考えているんだろう。

「変わったことを言われますね？」
「うん。今もう一つ発見したよ。同じ頭の中のはずなのに、僕が心の中で思ってるだけでしゃべってないことはソフィーさんに伝わってない。」
「うーん。つまり意識が混ざっているわけではない、ってことでしょうか。」
「自分と他人は現実と同じように違うってことまでだね。今言えそうなのは。」
「博士、それで人工無脳の私はどんな感じなんですか？」
「そうそう。試してみる？」

そういうと目の前の空間にさっきデザインしたCGIの画面が浮かび上がった。
「おお。夢は便利だな。」

  ソフィー：おはようございます！　緑がとてもきれいになってきましたね。
  ユーザー：おはよう。
  ソフィー：お庭を見にきていただいて、ありがとうございます。
  ユーザー：きれいなところだね！
  ソフィー：そう
  ユーザー：いきなり元気ないね。どうしたの
  ソフィー：それから？
  ユーザー：それからって？
  ソフィー：わかりました
  ユーザー：わからないよ！

ソフィーはちょっとがっかりした表情で画面を覗き込みながら言った。

「最初のほうは素敵なんですけど、後半会話になってないですねえ。」
「うーん。まだ雑談の中身ができてないからなあ。」

そうなのだ。とりあえず挨拶は考え付くのだが、そこから急に一歩も進めなくなる。

「どういう手順でしゃべったらいい雑談になるか、なんて説明、思いつかないですよ。次に何をしゃべるか決めてないですし。」
「そうか。雑談って、手続き型というよりはイベント駆動型かもしれない。次はそのあたりを考えないと。」
「雑談がうまい人って、どうやってるんでしょうね。」

4.1 STAGE 1：基本の人工無脳

建物の間から朝の日差しが庭に差し込み、ホテルからはパンの焼ける甘いにおいやコーヒーの香りが漂ってきた。ソフィーは腕時計を見て言った。

「そろそろ庭に水をやる時間です。しばらく失礼しますね。」

ソフィーが手慣れた様子で植物の世話を始めると、庭はラベンダーのような、穏やかないい香りで満たされた。その匂いを嗅いでいると急に強い眠気に襲われ、彼は再び眠りこんでしまった。

4.2 STAGE 2：雑談のスタンス

完成した辞書だけを見ても、雑談の戦略を読み取るのは難しい。よい雑談とは何だろうか？　具体的に条件を書きだすことで、辞書のデータとして表現する方法が見えてくる。

　前のSTAGEで、人工無脳は挨拶と基本的な相槌を返せるようになった。しかし、それで雑談ができるようになったわけではない。雑談をアルゴリズムとして表現するために、まずはその特徴を観察しよう。

　雑談に決まったストーリーはなく、手続き型というよりもイベント駆動型の構造に見える。雑談では有益な情報をやり取りすることが目的ではない。雑談は短すぎると話を聞いてもらえなかった感が強い。逆に長すぎると興味を失って面倒になる。雑談には楽しさや面白さがあったほうがよく、遮られたり批判されたりするのは好まれない。

　これらの特徴はわかりやすいようでいて抽象的で、どのように辞書を作ればよいかイメージが湧きにくいかもしれない。「雑談　コツ」などのキーワードでgoogle検索してみるとヒントになる情報をいろいろ見つけることができる。それらをまとめると、雑談の要素は以下のように表すことができる[※4]。

1. 挨拶：あいさつに一言加えて会話のきっかけにする
2. 話題：重大でない話をする
3. 空気：批判・反論をせず、場の空気を作る
4. 終了：いつでも切り上げられる

　1.挨拶はわかりやすい。雑談の始まりでは何か話したいことを思いつき、

※4： 長住 哲雄、雑談の技術―30秒でつかみ・1分でウケる「あの人と話すと面白い」といわれる本：こう書房 2007

4.2 STAGE 2：雑談のスタンス

その導入のために挨拶を投げかける。または相手が挨拶以外に何かの話題を始めたら、それを起点に雑談が始まる。2.話題は人工無脳がユーザーに何かの話題を振ること、3.空気はユーザーの批判や反論が過ぎるとNGで、基本的にはユーザーの話題を人工無脳が聴くことに対応する。4.終了はさよならの挨拶である。

　ここで人工無脳の辞書を作るときに注意したいのが、内容のランダムさの調節である。辞書ではたくさんの選択肢を組み合わせて言葉や短文を作ることができるが、選択肢のふり幅が大きくなるほどもとの文脈から外れ、即興的になる。その結果、予期しない言葉が作られてとても面白くなるが、要するに身勝手になっていくため毒を含んだり暴言を吐いたりするようになる傾向がある。

　逆に選択肢のふり幅が狭いと返答はストーリー性が強まり、良く言えば場の空気を読んだ返答、悪く言えば面白みに欠けるセリフになっていく。

　この雑談を構成する1〜4の要素それぞれについてランダムさをどの程度にするかを考えるのが雑談の戦略の一側面である。人工無脳ソフィーの場合、1.挨拶はホテルの従業員として礼を重んじる必要がある。2.話題はある程度即興的でもかまわない。そして3.空気では批判・反論をできるだけ避け、4.終了のさよならの挨拶も初めの挨拶と対になって礼儀正しいことが求められる。これをまとめると図4-6のようになる。

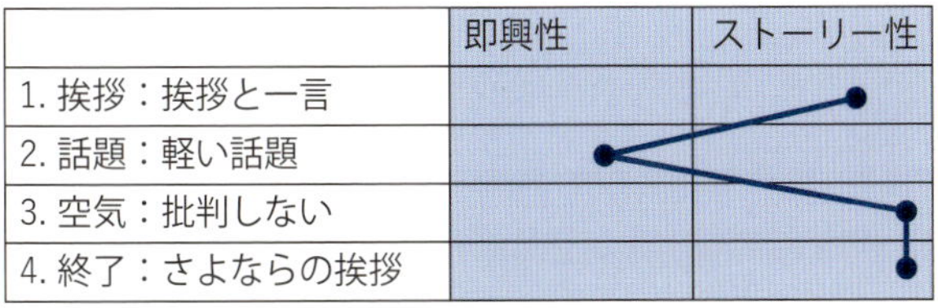

	即興性	ストーリー性
1. 挨拶：挨拶と一言		●
2. 話題：軽い話題	●	
3. 空気：批判しない		●
4. 終了：さよならの挨拶		●

図4-6：雑談する人工無脳の即興性とストーリー性

なお、このパターンを試みに変えてみると、例えば図4-7のようにさまざまな性格の人工無脳を表現できる。

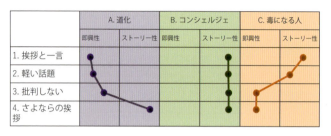

図4-7：いろいろなパターン

　図4-7のAは挨拶も話題も即興的で、批判的なことも言ってしまう。しかしさよならの挨拶は礼儀正しい。表面的には毒舌家であるが、根底では人に対する思いやりを感じさせる、プロのピエロのような性格かもしれない。また、挨拶、話題、応対、さよならの挨拶のすべてでストーリー性を高めると、とても礼儀正しいコンシェルジェを思わせる人工無脳になるだろう（図4-7のB）。極端な例として、図4-7のCのようなキャラクタも想像できる。挨拶はそれなりにする、話題に笑いはない、応対は批判的でさよならの挨拶にはまともに応じてくれない・・・そうなると大変自己中心的な人物に思えてくるのではないだろうか。

STEP 8：挨拶に一言加えて

　挨拶の目的は、ユーザーに雑談を始めたくなるような気持になってもらうことである。そのためにはきちんとした挨拶に加えて感謝の気持ちを伝え、さらにユーザーの素晴らしいところをほめる言葉を一言付け加えたい。このうち挨拶と感謝は表現しやすいのであるが、ほめることは人間同士でも練習しなければなかなか難しい。それは初見の相手の外見から感じられる魅力や、にじみ出る内面の精神性を読み取る必要があるからである。ところが人工無脳はユーザーのビジュアル情報を持っていないし判断することもできないので、ほかの方法を考える必要がある。

ほめることにかわる次善の策としては、ユーザーから見た人工無脳の印象を親しみやすいものにするため軽い失敗談、楽に答えられる季節、天気、健康、自然、グルメ、などの質問がよいだろう。逆に政治、宗教、軍事関係は避けるべきである。

例10　挨拶、感謝、導入の話題から構成された挨拶

Sohie-dic.txt	
#挨拶	
$Greeting$	$GR_Greeting$$GR_NiceToMeetYou$$GR_SmallTalk$
$GR_Greeting$	$GR_Greeting_%Hours%$
$GR_Greeting_Midnight$	こんばんは。
$GR_Greeting_EarlyMorning$	おはようございます！
$GR_Greeting_Morning$	おはようございます！
$GR_Greeting_Afternoon$	こんにちは。,今日は。
$GR_Greeting_Evening$	こんにちは。,こんにちは。お疲れ様です。
$GR_Greeting_Night$	こんばんは。,こんばんは。いい夜ですね。
$GR_NiceToMeetYou$	お会いできて、すごくうれしいです！,来て頂いてありがとうございます！
$GR_SmallTalk$	昨日はうっかり$GR_SmallTalk_Obj$を$GR_SmallTalk_Act$しまいました。,今日は素敵な天気ですね！,%nop%,
$GR_SmallTalk_Obj$	猫,植木,お客さん,
$GR_SmallTalk_Act$	上司と間違えて,

ここで、挨拶における即興性とストーリー性のさじ加減を調節する方法を考えておこう。例10の$GR_Greeting$は深夜や昼などの時間に沿った挨

拶をしていて、どちらかというとストーリー性を感じさせる。この挨拶の即興性を強めるにはどうしたらよいだろうか。例えば挨拶の返答を、

```
$GR_Greeting_Morning$ おはよう,こんにちは,おやすみ
```

としてみた場合、ユーザーの朝の挨拶に対して時間を無視した返答をすることもできる。これは通常の朝の挨拶と比べて奥行きのある情景をユーザーに感じさせる。朝、目覚めたあなたがパートナーに「おはよう」と声をかけた後、パートナーから「おやすみ」という返事が返ってきた場合、もしかしてパートナーはあなたが眠っている間に徹夜で原稿を書いていたのかもしれない。逆に時間によらず同じ返答をすると、

```
$GR_Greeting_Morning$ おはようございます
$GR_Greeting_Afternoon$ おはようございます
$GR_Greeting_Evening$ おはようございます
```

芸能など24時間動いている業界における挨拶を思わせるような情景を感じさせるだろう。

このSTEPでは"挨拶"を行う辞書について検討した。相手の挨拶に対応した挨拶、時間・季節に応じた一言はストーリー性を高くする。逆にそれらを無視した返答は即興性につながる。これらの方法を用いた場合、ストーリー性が高まると常識的な性格、相手への敬意、相手を受け入れる姿勢などが感じられるだろう。

一方、即興性が高いと打ち解けやすい性格、表面的な自己主張の強さ、内面的な自己否定感などを感じさせるかもしれない。第一には人工無脳のキャラクタによってどちらの面をどのように強調するか考えるわけであるが、人工無脳が道化を演じる設定であれば故意に即興性を高める必要があ

る。また、取り上げる話題や言葉によっても即興性の幅が変わる。

SETP 9：軽い話題

　雑談に登場する「軽い話題」とは、あいさつで使ったちょっとしたひとこととと同じく、ユーザーがどう答えても差し支えないような他愛のない、あまり長くない話題である。雑談のきっかけになる話題をgoogle検索すると、季節、天気、自然、体調、ニュース、衣装、グルメ、住居、趣味、旅行などがよく取り上げられている。このうち季節、天気、自然、体調、衣装は挨拶のセクションで用いた%hours%や%month%を利用することで一定のストーリー性を感じさせることもできるだろう。

　そして小話の組み立てには起承転結のパターンやDCAP(Do-Check-Act-Plan)のパターン、「誰が-どこで-何した-どう思った」のパターンなどが利用できる。実際に辞書を作ってみながら、それぞれのパターンが持つストーリー性と即興性の傾向を見てみよう。

例11　5月の自然（起承転結のパターン）

Sohie-dic.txt	
#5月の軽い話題	
$short_Story_5$	$story5-1$$story5-2$%queue $story5-3$story5-4$%
$story5-1$	もうすっかり初夏ですね。
$story5-2$	晴れた日は山の緑が鮮やかです。,この季節はきれいな花がたくさん咲きます。,バイクや自転車でツーリングする人たちも増えてきます。
$story5-3$	私も動物園に行ったんですが、,今年こそは運動を始めようと思ったんですが、
$story5-4$	暑すぎて日焼けしてしまいました。,すぐにばててしまいました。

動作例

人工無脳：もうすっかり初夏ですね。この季節はきれいな花がたくさん咲きます。
ユーザー：いい季節だね
人工無脳：私も動物園に行ったんですが、すぐにばててしまいました。

　例11では起と承を$story5-1$$story5-2$と並べてまず返答し、転と結を並べた$story5-3$$story5-4$は%queue%を使って次回の返答に割り当てている。このパターンを使ってみるとストーリーのイメージを追いかけやすい一方、転と結の流れは一種類に収束しがちであるため、あまり自由な即興性は仕込みにくい。

例12　失敗談（Do-CHeck-Act-Planのパターン）

Sohie-dic.txt	
#失敗談（DCAPパターン）	
$short_story_DCAP$	$story_do$$story_check$$story_act$%queue $story_plan$%
$story_do$	自転車で隣町まで走ってみたんです。
$story_check$	そしたら方角が間違って山に迷い込んでしまいました。
$story_act$	そしたら方角が間違って山に迷い込んでしまいました。
$story_plan$	これからは行き先を決めないことにしました。

動作例

人工無脳：自転車で隣町まで走ってみたんです。　そしたら方角が間違って山に迷い込んでしまいました。これは考え方を変える必要があると思います。
ユーザー：山に着く前に気が付こうよ
人工無脳：これからは行き先を決めないことにしました。

例12のパターンはよく知られているPDCAサイクルの順番を変えたものである。すなわち、まず行動してみて、結果を確認したのち問題点を把握し、それをもとに計画を立てた、という流れである。辞書を作成してみたところ、例11よりもさらにストーリー性が強く枝分かれを考えにくかった。

その一方、ネタを考える枠組みとしてはひねりを加えやすいし、特に現実をどう把握し、どんな対応をするかには人となりが強く表れる点が面白い。

また、辞書製作者の実生活における生々しい（が重くない）失敗談を織り込むことで、人工無脳がより親しみ深くなると思われる。

例13　昨夜見た夢（「誰が-どこで-何した-どう思った」のパターン）

Sohie-dic.txt	
#昨日見た夢（3w1hパターン）	
$short_story_3w1h$	今日はdrm_whoがdrm_whereでdrm_what夢を見ましたよ・・・%queue $drm_impression$%,
drm_who	You,Youの友達,Youのお父さん,Youのお母さん,Iの知り合いのdrm_who2,Youのご先祖様,drm_who2,drm_who2
drm_where	学校,保育園,公園,美術館,博物館,工場,廃墟,大聖堂,ローマ,イスタンブール,マチュピチュ,地下室,洞窟,エベレスト,宇宙船,過去世,来世,大都会,台所,庭,社長室,エレベーター,2000年後の世界,白亜紀,drm_whoの家,drm_whoの庭
drm_what	ラジオ体操する,素数を数える,drm_whoと遊ぶ,drm_who2とお話しする,drm_whoと踊る,drm_who、drm_who2とレストランへ行く,drm_who2の人生相談を聴く,終わらない宿題をする,道に迷って帰れない,忘れ物して焦る

$drm_impression$	なんだか楽しかったな。, 昨日Youにあったことと関係あるかもしれません, 焦りましたよ。, びっくりした！, 不思議な気持ちでした。, ・・・何か思ったけど忘れちゃいました, 思わず笑ってしまいました。, Youだったらどうします？, 夢でよかったですよ。
drm_who2	ヒツジ, 三毛猫, 柴犬, 宇宙人, 男の人, 女の人, 鬼, 賢者みたいな霊的存在, 熱帯魚, アフリカゾウ, モグラ, Iそっくりな誰か, 小人, 巨人, 昔の友達, コアラ, 冷蔵庫, インコ, マトリョーシカ人形, 人工無脳, スフィンクス, ハシビロコウ

動作例

人工無脳：今日はわたしの知り合いの柴犬がエベレストでユーザーさんの
　　　　ご先祖様と遊ぶ夢を見たよ・・・
ユーザー：おお・・何かありがたい感じだ。
人工無脳：夢でよかったですよ。
ユーザー：えーー

　夢を題材にした例13は、ほかと比べて即興性が高い。辞書の内容を見てもわかるように、"誰"や"どこで"などはバリエーションを考えやすい。夢なのでどんな組み合わせも許され、その意外性が笑いにつながる。小説ネタや漫画、アニメをもとにしたネタも仕込みやすいだろう。また最後に感想を述べて終わるので、ユーザーが突っ込みやすい特徴がある。夢以外の題材としては本やウェブページのタイトルとそれを見た感想、旅行先で見かけた間違った日本語などいろいろ考えられるだろう。

　さて、重大でない話題を生成する方法をいろいろ考えたが、雑談の中にいつどうやってこれらの話題を組込んだらいいのだろうか。一つは挨拶の直後である。そのほかユーザーから「何か話して」のように直接的に催促されるようなケースは想定しておくべきだが稀だろう。

一方、人間同士の雑談では話題が途切れた瞬間、関連した話題からの連想や場の雰囲気など文字列以外の情報も含めた高度な判断が要求される。現状ではそれをこなすのは困難である。逆に話をさえぎって話題を話し始めることはユーザーの気分を害する可能性を高めるが、一方で意志を感じさせる瞬間でもあるため、完全に排除したくはない。

このように実行する、しないの判断が難しい場合、人工無脳では確率を使って処理してしまおう。それに利用できるのが$NotFound$である。$NotFound$は人工無脳がほかの方法で返答できない場合に利用する返事で、そこに話題を開始するタグを少し加えればあまり自分からは話題を振らない性格、タグをたくさん加えればおしゃべりな性格が表現できる。

Sohie-dic.txt	
#重大でない話題	
$start_short_story$	$short_Story_%month%$,$short_story_DCAP$,$short_story_3w1h$
何か話して	$start_short_story$
#挨拶への返答	
^(おはよう|お早う)[。!ー〜]*$	$Reply_morning$
^はよー[。!ー〜]*$	$Reply_morning$
$Reply_morning$	今日も庭がきれいです。$start_short_story$,今日はどちらか、お出かけですか？,朝食はもう食べられましたか？,お庭を見に来ていただいて、ありがとうございます。$start_short_story$,$start_short_story$
^(こんにち|今日)は[。!ー〜]*$	$Reply_hello$
^こんちは[ー!〜。]*$	$Reply_hello$

^ちわ（〜｜っす｜ッス）［。！ー〜］*$	$Reply_hello$
$Reply_hello$	いらっしゃいませ。$start_short_story$、ご機嫌いかがですか？$start_short_story$、お庭を見に来ていただいて、ありがとうございます。
^（こんばん｜今晩）は［。！ー〜］*$	$Reply_night$
$Reply_night$	一日お疲れさまでした。,お帰りなさいませ。,$start_short_story$
#返答できない場合	
$NotFound$	なるほど。,うん。,%nop%,わかりました。,そうなんだ…,それから？,ちょっと聞いてくださいよ。$start_short_story$,うーん,そうなんですか？,うんうん,そう,わかりました。,へー？,そうなの？,$start_short_story$

　"重大でない話題"のセクションではパターンをもとに人工無脳がしゃべる話題を作ってみた。その結果、パターンによってストーリー性、即興性それぞれの表しやすさが異なっていた。どちらが求められるかは話題の種類と内容、人工無脳のキャラクタによるだろう。

　また、人工無脳の開発者はここに挙げた以外のパターンもぜひ考えてみてほしい。何か一つ小話を用意し、話の構造や名詞に着目してバリエーションを付け加える方法も考えられる。

STEP 10：場の空気を作る

　雑談で厳しい批判を受けたら、次からその人と雑談しようとは思わなくなる。相手を和ませようとしている最中にいきなり反論されたら気持ちは萎える。人工無脳では設計者の意図に反して相手を怒らせたり、傷つけたりすることは過去たびたび問題となってきたが、実は人間同士の会話でも意図せず

に雑談の空気を悪くしてしまう例は多いのではないだろうか。

　これを防ぐため、いくつかのポイントを押さえよう。それは共感を示す、割り込まない、表現のポジティブ化、批判しない、の四つである。

　一つ目は**共感**で、相手の感情表現に対して理解を示していることを伝える。感情表現に対して例14のように直接的な反応をするのは、日本語における雑談では少し恥ずかしいかもしれないが、この一言で相手の気持ちは大きく和らぐ。また、相手と同じテンションで反応することも効果的である。

例14　共感する

Sohie-dic.txt	
#共感を示す	
つら (かった|い)	つらかったですね・・・
悲し (かった|い)	それは悲しいですね・・・
困った	大変だったんですね・・・
さびし (かった|い)	Iでもさびしくなると思います。
腹が立 (った|つ)	そうですよね。
悔し (かった|い)	悔しい思いをされたんですね・・・
嬉しい (?<!ことなんか)	私もうれしくなってきます
楽しい (?<!ことなんか)	（笑）
^ごめんね (。|)$	お気になさらずに。, 大丈夫ですよ, Iなら大丈夫ですよ
^ありがとう (。|)$	(^_^)

　二つ目は、話の途中で**割り込まない**ことである。途中なのかどうかを調べるのはなかなか難しいものの、暫定的にユーザーが20文字以上のセリフを返してきた場合は途中とみなし、相槌を打つ。"20文字以上"にマッチング

する正規表現は /.{20,}/ である。そこでこれをキーにするわけだが、「昨日友達から久しぶりに手紙をもらって嬉しかったよ」のように20文字でも人工無脳が反応するべき文字列を含んでいるものはマッチさせたくない。そのためには辞書に検索順を導入し、/.{20,}/ のようにマッチする範囲が広いものほど検索を後回しにする。

ここでPerlのハッシュはキーの並び順が保存されないため、辞書をロードするときにキーを別の配列に記憶する必要がある。なお、この部分は「STEP 4：はじまりの挨拶と時間によるバリエーション」の項では説明していない。実装についてはソースを確認してほしい。

例15　割り込まない

Sohie-dic.txt	
#割り込まない	
.{20,}	なるほど。,うん。,そうなんですね,%nop%,%nop%,そうかー,もう少し詳しく教えてください

三つ目は、ネガティブな表現を**ポジティブに変える**ことである。優柔不断が優しさにも感じられるように、大体のネガティブな要素はポジティブな要素と表裏一体である。ユーザー自身についてのネガティブな表現をポジティブに言い換えることで、ユーザーに対して好意的な評価をしているニュアンスを伝えることができる。

一方で、他者から理不尽な扱いを受けた場合にそれをポジティブに言い換えてしまうのは暴力の肯定にもなりかねないので取り扱いが難しい。

この項目はアルファテスト中というつもりで運用したほうがよさそうである。

例16　ネガティブ-ポジティブの言い換え

Sohie-dic.txt	
#ネガティブ→ポジティブ	
優柔不断だった	やさしかったんですね。
優柔不断（だ | な）	やさしいんですね。
融通が（利 | き）かない	筋を通すお考えなんですね。
意地っ張り	意志が強そうですね。
ずるい	工夫をする方・・・だったんでしょうか
幼稚	純粋なんでしょうね
下品	うーん。おおらかなんですね、きっと。
自己中心的	ある意味・・・勇気があるのかもしれません
意気地なし	慎重なのかもしれません
理不尽	$like_to_controll$
自分勝手	$like_to_controll$
支配的	$like_to_controll$
横暴	$like_to_controll$
$like_to_controll$	良いことではありませんが、事情があったのでしょうか。，飲んでいいことではないと思います。，悲しいことです。、残念なことです。，

　四つ目は、**批判的な反応を避ける**ことである。それには人工無脳が辞書の範囲で応答できなかった場合に使う$NotFound$に注目する。実際、人工無脳を立ち上げた初期には会話中に$NotFound$が使われる確率はかなり高く、それをいかに下げていくかが人工無脳開発の一つのベンチマークである。

　ちなみに、「SETP 9：軽い話題」の項で考えた話題の開始も$NotFound$に含めてある。相槌と話題の開始、すなわち聞き好きかしゃべり好きかの比

率はキャラクタ設定によるが、聞き好きのほうがうっとうしくないだろう。このあたりは実際に人工無脳を運用しながら加減が必要な領域である。

例17　批判的な反応を避ける

Sohie-dic.txt	
#ネガティブ→ポジティブ	
$NotFound$	なるほど。,うん。,%nop%,わかりました。,そうなんだ・・・,それから？,ちょっと聞いてくださいよ。%queue NF_topix%,うーん,そうなんですか？,それは$NF_impression$ってこと？,どう思われました？,・・・
NF_topix	$short_story_%month%$,$shory_story_DCAP$,$short_story_3w1h$
$NF_impression$	気分上々,暗中飛躍,意気揚揚,以心伝心,一期一会,一日一善,一望千里,雲竜風虎,快刀乱麻,春風満面,順風満帆

　この節では場の空気を和らげる方法を検討した。そのため主にユーザーの発言に寄り添った返答が多く、会話の文脈に従う意味でストーリー性が高いほうがよいセクションであると考えられる。

　なお、このセクションでランダム性を高くすると毒のあるセリフを吐きがちになり、ユーザーの笑いを誘う強いスパイスになる。なるのであるが、逆にユーザーを怒らせることも多いため今回はそれを避けている。

STEP 11：きれいに切り上げる

　最後に、雑談は気軽に終わりたい。具体的にはユーザーが雑談をいつ中断しても人工無脳が爽やかに締める方法を考える。すなわち、さようならの挨拶である。

例18　さようならの挨拶

Sohie-dic.txt	
#終わりの挨拶	
^バイバイ（。|）	$good_bye$
^さよなら（。|）	$good_bye$
^バイバーイ（。|）	$good_bye$
^さようなら（。|）	$good_bye$
^またね（。|）	$good_bye$
^じゃあね（。|）	$good_bye$
$good_bye$	いってらっしゃいませ。,よい一日を！,ありがとうございました。,楽しかったです。また来てくださいね,それではまた。またぜひお会いしましょう。
^おやすみ［。ー］	$good_night$
^おやすみなさい［。ー］	$good_night$
$good_night$	おやすみなさい。,ありがとうございました。,お疲れさまです。,それではまた。,ごゆっくりお休みください。

　別れのあいさつは日常会話でもあっさり済ますことが多い。実際の場面を想像すると、相手が会話を切り上げようとしたときは話題を話し終わったか、次の用事に取りかかりたい場合である。それをあえてさえぎると強い意図が感じられるため、今回のキャラクタでは避けるべきであろう。

STAGE 2の人工無脳は下記のURLで動作を確認できる。

http://www.ycf.nanet.co.jp/~skato/muno2/2016rutles/stage2/sophie.html

ソースは以下のURLから入手できる。

http://www.ycf.nanet.co.jp/~skato/muno2/2016rutles/stage2.zip

・・・

どこからか流れてくる優しい音楽と小鳥のさえずりを聞いて、彼は目を覚ました。
あたりを見回すと、高い建物に囲まれた石畳の庭。また例の写真の風景の場所で眠っていたようだ。
少し離れた庭木のもとに制服姿の女性がいて、木々に水をやっている。以前の夢の中で出会ったソフィーだ。彼女はこちらに気が付くと手を止めて微笑んだ。

「お早うございます博士。」
「ああ・・・おはよう・・・なのかな？」

それまで座っていた席から立ち上がり、彼はソフィーの方に歩きはじめた。空を仰ぐと太陽はかなり高いようだが、あたりの空気は爽やかで少しひんやりしている。
夢も慣れてくると、不思議とすぐにそれとわかる。あいかわらず博士と呼ばれているが、まあ悪い気はしないのでそのままだ。眠ってしまう前は何をしていたんだろう。そう、たしか自分のPCで人工無脳の辞書を作っているところだったはずだ。それにしても、製作中の人工無脳に夢の中で出会ってしまうとはあきれた話だ。しかも二度目だ。

「ひさしぶりだね。前にここに来たときは、何を話してたんだっけ？」
「そうですね・・・。雑談はイベント駆動型だとか、雑談をうまくやるにはどうしたらいいか、とかでしたよ。その後、人工無脳ソフィーちゃんの開発はうまくいってるんですか？」
「そうだった。いい雑談はどんなものか調べたんだよ。Webサイトはいろいろあるし、本も思ったよりたくさんあったよ。」
「・・・雑談の仕方で悩んでる人は結構多いってことですね。」

4.2 STAGE 2：雑談のスタンス

なるほど。改めて言われると雑談で悩む人は多いのかもしれない。
「学校でも職場でも、必ず人間関係ってあるよね。毎年新しい人ともお付き合いを始めるし。」
「雑談がうまくいったらふわーっと仲良くなりますけど、滑ったら気まずいですよね。」
「かといって、しゃべらなかったら引きこもりになってしまう。」

つまり、雑談は社会を作って機能させるための基本になるツールなのかもしれない。

「それで、どんなことが書いてあったんですか？博士。」
「雑談はまず挨拶して、軽い話題を話して、空気を悪くせずに、笑顔でさよなら、だって。」
「へえー。日ごろあんまり気にはしてないですが、言われてみると何故だか感心してしまいますね。」

ソフィーは雑談の様子を頭の中でシミュレートしている様子だ。夢の中の登場人物の、そのまた頭の中での出来事とは一体何なのかとうっかり考え始めたころ、ソフィーは再び口を開いた。

「挨拶はわかるんです。でも軽い話題って何をきっかけに始めたらいいんでしょうね。相手がお話ししてるのを途中で遮ったら感じ悪いですし、話題を振っても応えてくれないと侘しいし、相手に合わない話題だと気まずいし。難しくないですか？」
「普段だったら『ノリ』の一言で片づけられるけどね。具体的にどんなルールかと言われると・・・確かに。」

正直な話、このあたりは人工無脳の辞書を作っていても今一つ手ごたえがなかった部分だ。人間だって苦労するやり取りの機微であるし、そも

そも会話がスタートする条件をすべて書き下せる気がしない。ソフィーもやはり考え込んでいる。

「ホテルの接客業務では、見習のころはマニュアルに従った応対をすることも多いですよ。慣れてきたり、常連さんの顔を覚えてきたらもちろん心のこもったお返事ができるようにがんばりますけど。あと、ホステスさんやパブのスタッフさんたちは自身の安全も考えながら、できるだけお客さんに気に入ってもらいたいですからね。かなり工夫されているそうです。」
「そうなんだ・・・何気にすごいな。でも、マニュアル通りにされてるのが透けて見えたら・・・それはそれで嫌だと思ったり。」
「あはは。そうですね！」

ルールを守らなければ嫌われるが、ルール通りでは人間味に乏しい。==ルールとの距離感。それが人工無脳を考える上での一つの道しるべかもしれない。==

「それで、今日の人工無脳ソフィーちゃんの容体はどうなんですか？」
「いや病気じゃないし！」

そう笑いながら早速CGIの画面を呼び出す。

    ソフィー：　こんにちは！きていただいてありがとうございます！
    ユーザー：　こんにちは！
    ソフィー：　いらっしゃいませ。今日はユーザーさんのお父さんが工場でユーザーさんのご先祖様とお話しする夢を見ましたよ・・・
    ユーザー：　へー。おじいさんは工場の経営してたんだよね。何話してたんだろ。

ソフィー： 夢でよかったですよ。
ユーザー： なにー(笑)さては怒られおったな。
ソフィー： そう。
ユーザー： やっぱりか！
ソフィー： ・・・
ユーザー： 親父は自分勝手だったからな！
ソフィー： 残念なことです。
ユーザー： つーかなんで工場知ってるの？
ソフィー： そうなんですか？
ユーザー： 聞いてるのはこっち！

ソフィーはCGI画面を覗き込みながら目を輝かせる。

「STAGE 1のときと比べたら、けっこうよくなったと思いますよ！」
「ありがとう！」
「心なしか、うまい返事ができるセリフを選んで会話している気もしますが。」
「うーん。実はそう思わなくもない。辞書を作った本人だとつい・・・」
「うーん。それで博士、今回の課題は何ですか？」

空中に輝くCGIの画面を片づけながら、彼はつづけた。

「そうだなあ・・・。今回新しく作った部分は性格の骨格になる部分だとは思うんだけど、言ってみればこの血液型の人はこんな性格ですよー、みたいなざっくり過ぎる感があるんだ。」
「ざっくりしてますか？　結構細かくて、感心する内容も多かったと思いましたよ。」
「なんというか、血液型A型の登場人物が4人いても全員性格と役割は同じにならないんだけど、それを表現し分けるほど細かくはなかったというか。」

「なるほど。」
「それで小説を思い浮かべてみると、登場人物を表現するのはキャラクタ設定よりもエピソードのほうがずっとウェイトが大きいのかなと思って。」
「ああ！ そうですね！ 血液型が同じだからって全員が子供のころに悪役に襲撃されて額に傷ができたり、なぜか蛇語がしゃべれるようになったりしませんよね！」
「自由惑星同盟を守るために宇宙艦隊を率いて戦って、30才前で閣下呼ばわりされるようになったりもしない。」
「そうそう。そのうえ疑心暗鬼になった国防委員長に無実の罪で査問会にかけられたりも・・・って何の話ですか。」

ソフィーと雑談をしていると改めて思う。今回のSTAGEで考えたような雑談の骨格は、レストランに例えるとテーブルコーディネートや食器に近い。つまりキャラクタのスタンスを表現している。一方エピソードは料理に当たり、雑談の実質的なコンテンツに近いのではないだろうか。

「今のは楽しいやり取りだった。」
「そうですね。博士。」
「うん！ 雑談の中でエピソードをしゃべったり聞いたりする、次はその辺を人工無脳ができるようになるといいな。」
「それはすごく面白そ・・・」

ソフィーは何かを思い出したようだ。腕時計を見た彼女の表情が急に変わった。

「きゃーー！ すいません。仕事の時間になっていました！ また怒られてしまいます！ それじゃ、失礼しますね！」
「あ・・・ああ。」

片づけもそこそこに、ソフィーはパタパタと走り去った。後に残された彼はあっけにとられていたが、今までの会話を整理しようと椅子に腰かけ、考え込み始めた。考えをめぐらすうちに、いつの間にかやってきた睡魔に襲われ、彼は再び目を閉じた。

4.3 STAGE 3：エピソード記憶の再生

会話の中で思い出した話を語るのは重要な要素である。思い出したきっかけ、話の内容、面白いと思ったポイントがキャラクタの人となりを間接的に表現し、ストーリーがある内容は聞き手にとっても引き込まれて理解しやすい。

これまでのSTAGEでは人工無脳のキャラクタ設定を考え、挨拶などの基本的な返事や雑談の骨格となる要素について辞書を作ってきた。

しかし人工無脳の様子は会話の流れに乗っているというよりも、その場その場での反射的な対応という感触が強かったのではないだろうか。この様子を図4-8に示す。

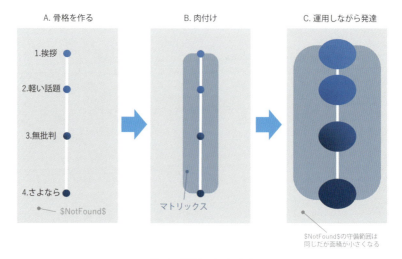

図4-8：骨格とマトリックス

前のSTAGEで検討した部分が骨格（Aの4つの円）であり、当たり障りのない返答は骨格以外のすべて、すなわち$NotFound$が返答を行っていた

(Aの灰色部分)。これだけではキャラクタに沿った返答をできる領域がピンポイントに過ぎるため、骨格よりもゆるやかな位置づけで広い範囲をカバーする肉付けが必要だろう(B)。この骨格を取り巻く肉の部分を以下マトリックスと呼ぶ。これからは人工無脳を運用しながら辞書の強化を続け、骨太で肉付きも良い(C)の状態を目指す。その結果として$NotFound$の占める割合は小さくなるわけである。

では、マトリックスとしてどのような肉付けが必要だろうか。これまでの人工無脳の課題は短いやり取りしか認識できないことであった。これは辞書が一問一答の形式であるというかなり根本的な構造に起因している。そこで今回のSTAGEでは、このマトリックスを強化する新しい方法として小説のようにストーリーを持った会話アルゴリズムを導入する。それは、会話ログを辞書代わりに使用する方法である。

STEP 12：マインドマップを作る

人工無脳とユーザーとの間で行われた会話ログを丸ごと創作したい。そのために、まずは人工無脳がどんな生活、どんな楽しみや知識を持っているかをマッピングしてみよう。ホワイトボードや付箋紙を使うと便利である。項目をいくつも書き出していくと、徐々に階層構造に整理することができるだろう。一例を次ページの図4-9に示す。

COLUMN

マインドマップ作製で困ったら

マインドマップを作るトレーニングをしよう。そのためには自分のことについて、一週間の間にしたこと、一か月の間にしたことを列挙しよう。facebookの投稿を分類してもよい。それぞれの行動で何を感じたのかをメモしておくと役立つ。同様に、身近な相手についてマインドマップを広げていこう。

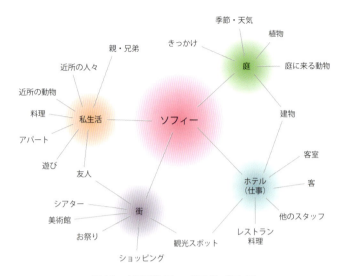

図4-9：人工無脳ソフィーのマインドマップ

　中心のソフィーが第一階層、それを取り巻く４つの太字部分が第二階層、そのほかが第三階層を構成している。実際にはもっと細かく４〜５階層まで展開したあたりから会話ログを作るネタのようなものが現れてくる。

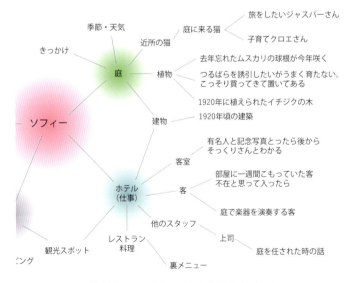

図4-10：会話のネタまで展開したマインドマップ

STEP 13：コーパスの創作

自然言語研究の分野では、生の会話ログは「コーパス」と呼ばれている。今回は人工無脳ソフィーとユーザー（博士と呼ばれている）が会話しているつもりになって会話ログを創作しよう。

ソフィーはキャラクタ設定した通り20〜30才のホテルの従業員で、朝の中庭で庭木に水やりをしている。博士はソフィーと同世代の男性で、ホテルには仕事で何度か滞在する常連客である。彼は何らかの研究機関に勤めているが、博士号を得たばかりで研究者としてはヒヨコである。朝食前、5階の客室から中庭を見下ろしていた彼はそこにソフィーを見つけ、雑談をしに庭に下りてきた。

例19　創作したコーパス：ソフィー(S)vs博士(D)

1	S おはようございます博士！
2	D おはよう。
3	S お久しぶりですね。今日はお仕事でホテルにお泊りですか？
4	D そうだよ。今日も出張。
5	S 期待されてますね！
6	D そう思うことにしてる。
7	S そうそう、見てください。庭にムスカリの小さな紫色の花がたくさん咲きましたよ。
8	D そうなんだ。手入れしてるんだねえ。
9	S それがですね。去年花が終わった後すっかり忘れていて。
10	S 球根が土の中に残ったまま一年たったんですよ。そしたら春になって一杯花が咲きました。
11	D へー、それじゃ買わずに得したね！
12	S 頑張って生き残ってたと思うと、感動しました。
13	D ムスカリって・・・何か聞いた覚えがあるが。ムスカリンの元かな？

14	S ムスカリンですか。なんですかそれ？
15	D よく知らないけど、毒キノコの成分かなにかだったような
16	S うーん。ムスカリはきのこではありませんし、毒があるという話は聞いたことないですよ。
17	D じゃあ別ものかな。
18	S 本当に危険な植物だったら、花屋さんに置いてないと思いますけど・・・
19	D なるほど。
20	S もしわかったら、また今度教えてください。
21	D うん。
22	D ソフィーさんの庭にはイチジクも植えてあるんだね。
23	S イチジクもありますよ。あそこに見えているのは若木ですけど、奥の方に大木があります。
24	D ふーん。
25	S 支配人さんに聞いたら、創業当時に植えられたものみたいです。
26	D このホテルの創業っていつ？
27	S 1920年です。建物をその時に建築したみたいですよ。
28	D 1920年かー。
29	S ホテルのロビーに当時の白黒写真が飾ってあります。今でいうアンティーク家具が作られた時代ですよね。ホテルの調度にもいくつか当時のものが残っています。
30	D ホテルと一緒に生きてきた、ということか。
31	S そうですね。ホテルと一緒に生きてきたんです。何か不思議な気がします。
32	D 今も実がなる？
33	S ええ。春から初夏のころ収穫して、ホテルのデザートに使っていますよ。いつごろお客さんに出すのか、後で聞いておきますね。
34	D 美味しそうだ！よろしく～
35	S わかりました。

36	D そういえば、この庭にはほかに来る常連さんはいるの？
37	S はい。最近はルネさんがよく来られて、お昼寝していかれます。
38	D 昼寝？のんきな人もいたもんだね！財布を取られたりしないの？
39	S 財布は持ってないですよ。
40	D ん？なんで知ってるの？まさかホームレ・・・
41	S あとイチジクの木に登ったり。
42	D フリーダム過ぎる。
43	S それからテーブルに置いてあった旅行雑誌をずいぶん熱心にご覧になってましたから、きっと旅行好きだと思います。
44	D うーむ全然イメージが湧かないけど・・・ここのホテルのオーナーとか？
45	S あはは！それはないと思いますよ！猫ですから！
46	D 猫かよ！
47	S ええ。銀色の縞柄で、かなり大柄な猫ですよ。
48	D 猫って旅行するの？
49	S イスタンブールのページを見てましたよ。
50	D いやいや、それだけじゃわからないし。
51	S ルネさんはときどき変わったものを持ってきてくれるので、てっきり旅のおみやげだと思ってました。
52	D そんなファンタジー映画じゃあるまいし。
53	S まあ・・・お話が聞けたらいいんですけどねえ。
54	

STEP 14：コーパスの観察

例19のコーパスに見られる構造の特徴を詳しく見ていこう。以降、「1S」は「一行目のソフィーの発言」を表す。コーパスをよく読むと、

1	S おはようございます博士！
2	D おはよう。

の部分では1Sの発言がキーワードになり、2Dがそれに対応した発言をしている一問一答の形式になっている。一方、

22	D ソフィーさんの庭にはイチジクも植えてあるんだね。
23	S イチジクもありますよ。あそこに見えているのは若木ですけど、奥の方に大木があります。
24	D ふーん。
25	S 支配人さんに聞いたら、創業当時に植えられたものみたいです。

このくだりでは22Dの質問に対して23Sが直接の回答である。一方、24Sの「ふーん。」という相槌だけから25Sの回答は発生しえない。また何が「植えられたもの」なのか25Sだけではわからないが、23Sを見ればイチジクの木であることはすぐにわかる。これがログに含まれる文脈情報、というわけである。一つの話題はどれくらい持続するだろうか。

7	S そうそう、見てください。庭にムスカリの小さな紫色の花がたくさん咲きましたよ。
8	D そうなんだ。手入れしてるんだねえ。
9	S それがですね。去年花が終わった後すっかり忘れていて。
10	S 球根が土の中に残ったまま一年たったんですよ。そしたら春になって一杯花が咲きました。
11	D へー、それじゃ買わずに得したね！

12	S 頑張って生き残ってたと思うと、感動しました。
13	D ムスカリって・・・何か聞いた覚えがあるが。ムスカリンの元かな？
14	S ムスカリンですか。なんですかそれ？
15	D よく知らないけど、毒キノコの成分かなにかだったような
16	S うーん。ムスカリはきのこではありませんし、毒があるという話は聞いたことないですよ。
17	D じゃあ別ものかな。
18	S 本当に危険な植物だったら、花屋さんに置いてないと思いますけど・・・
19	D なるほど。
20	S もしわかったら、また今度教えてください。
21	D うん。

　この例では7Sから12Sまでが一つの話題で、Sの発言はDの応答にほとんど影響されずに続いている。Sの発言は四つあり、すなわち長さ＝4の話題と言える。一方、13Dから21Dまでのくだりも庭の植物「ムスカリ」を話題とした文脈性の強い流れで、形式的には長さ＝4である一つの話題に見える。しかし、その中でのやり取りは一問一答形式になっており、Dの応答によってSの発言が変化している。すなわち、形式だけから話題の長さを機械的に決めるのは難しい。このあたりの会話の流れに関する議論はエスノメソドロジーと呼ばれる分野で扱われている。少なくとも話題の長さは変動することを前提としたほうがよさそうだ。

　次に、発言の中には次の応答に影響を与える単語と、そうでもない単語が含まれている。影響を与えるほう、すなわちキーワードにはどのような特徴があるのだろうか。

26	D このホテルの創業っていつ？
27	S 1920年です。建物をその時に建築したみたいですよ。

この例では26Dの「ホテル」「創業」の二つが27Sの内容を決める決定的な要素、すなわち最重要のキーワードだったようである。このように、キーワードは名詞や動詞が適しており、また一つの文につきキーワード一つだけでは不十分で、できれば複数扱えたほうがよい。ある行から抽出できるキーワードがゼロである場合は、文脈に及ぼす影響がない短い相槌のようなセリフになっている可能性が高く、エピソードの辞書に記憶する必要性は低いかもしれない。

　以上のように、創作したコーパスや実際の会話ログを観察することで、文脈を温存した返答のためのヒントを得ることができる。以降、観察結果をどのようにアルゴリズムとして表すかを議論しよう。

4.4 エピソード記憶の再現

一つのセリフの生成にマルコフ連鎖を使うと、内容が発散しすぎて使いにくい。しかし、これを文脈に対して応用することで乱数性を伴ったエピソード記憶の再現が可能になる。

マルコフ近似

ここで、乱数で自然言語を近似した文字列を生成するのに用いられるマルコフ連鎖について述べる。

マルコフ連鎖(discrete-time Markov chain)は確率過程の一つで、とりうる状態が離散的であり、過去の状態によらず現在の状態のみによって未来の状態が決まる系列である。という説明では具体的なイメージがわかりにくいので、例としてマルコフ連鎖による文の生成を示す。第一段階では、もととなるテキストを形態素ごとに区切る"分かち書き"を行う。分かち書きには茶筌[※5]やJUMAN[※6]のように形態素解析、すなわち文を名詞、動詞、助詞などに分類する方法と、TinySegmenter[※7]のように品詞に関係なく機械学習によって分かち書きだけを行う方法などがある。例20は茶筌を用いて分かち書きした例である。

例20　元になるテキストの例（宮沢賢治『猫の事務所』より）

```
夏/猫/は/全然/旅行/に/適さ/ず/。/
冬/猫/も/また/細心/の/注意/を/要す/。/
特に/黒/猫/は/黒/狐/と/誤認/さ/れ/、/本気/で/追跡/さ/れる/こと/あり/。/
ある/時/、/釜/猫/は/運/わるく/風邪/を/引い/て/、/とうとう/一/日/やす/ん/で/しまい/まし/た/。/
今日/は/釜/猫/君/が/まだ/来/ん/ね/。/
```

※5：形態素解析システム茶筌. http://chasen.naist.jp/hiki/ChaSen/
※6：日本語形態素解析システムJUMAN（URLが非常に長いので、左記をキーワードとしてご検索ください）
※7：http://chasen.org/~taku/software/TinySegmenter/

第二段階では、各形態素の次に何が現れるかを調べる。例20の/猫/の次には、/は/、/も/、/は/、/は/、/君/という五つが見られる。そこで/猫/の次にはそれらのうちのどれかがランダムに使われることにする。同様に/は/の次には/全然/、/黒/、/運/、/釜/の四つが現れるので、/は/の次はそれらのうちどれかが使われることにする。これをつなげて表すと図4-11のようになる。

　このグラフの左端から右に向かってたどっていくと、日本語のように見える文字列を、文法の知識がなくても乱数から生成することができる。「ように見える」というところから、このような文字列の生成法はマルコフ近似と呼ばれる。

図4-11：テキストのマルコフ連鎖への変換

　マルコフ近似には1次、2次・・・n次という次数が定義されている。1次のマルコフ近似は各形態素の出現する確率は再現するが、次に何がくるかは考慮しない。2次のマルコフ近似は一つの形態素を選んだとき、その次に現れる形態素と確率が決まる。3次のマルコフ連鎖では二つ先の形態素まで考慮した確率が用いられる。

　これらの方法で得られる文字列がどのようになるか、マリー・ウォルストン・シェリー著『フランケンシュタイン』から怪物が言語と情緒を獲得していくくだりを取り上げ、TinySegmenterで分かち書きしたテキストでマルコフ近似を行ってみよう。

例21　1次のマルコフ近似

せ/のけ/主として/を/た/と/て、/た/ない/畸形/し/の/た/笑顔/の/と/ほど/前/その/が/なか/讃歎/耕作/話しかける/この/たち/そう/たじ/この/この/。/に/の/喜ん/て/といよう/、/食事/を/消え/かわいい/を/の/を/の/たち/に対して/に/に/日/さき/たち/従事/て/が/ば/歓び/根菜/首/に/快活/は/て/若者/に/さえ/居/百/が/せる/の/こんな/な/を/捧げ/は/た/、/すぐおぼえ/、/その/、/出/それから/見つける/は/見える/愛情/数/名まえ/もわけ/あまり/の/重要/、/、/から/

例22　2次のマルコフ近似

/しかし/、/かわいい/、/自分/が/、/べつ/に/し/、/この/人/たち/の/記憶/から/見れ/ば/の/牝牛/の/やさしい/アガータ/が/あっ/て/いる/さい/に/、/話さ/れる/こと/だろ/う/と/無念/の/住まい/に/、/人/たち/の/こと/であっ/て/やっ/て/み/た/。
/しかし/、/せ/、/空腹/な/、/近所/の/畸形/の/類/で/、/妹/に/見え/、/わたし/に/もわかっ/た/一つ/わかっ/た/仕事/で/は/粗末/で/ある/が/あれ/これ/といろいろ/に/ときどき/、/夜/の/晩/に/他意/の/

例23　3次のマルコフ近似

に/、/どうして/そんな/こと/も/一度/や/二度/で/、/黄金/の/色/に/輝い/た/。
/ちょっと/わたし/は/なかっ/た/こと/で/、/殴られ/たり/憎ま/れ/たり/考え/こと/が/この/愛す/べき/人/たち/の/前/にちらつく/の/畸形/を/発音/できる/よう/に/そういう/怪物/で/ある/の/を/解く手/が/、/強い風/が/たちまち/地面/を/観察/し/て/いる/こと/は/、/あと/に/なっ/た/。
/しかし/この/人/たち/の/、/それ/に/慈悲/ぶかい/笑顔/や/愁い/を/起さ/せる/の/あい/だ/雪/を/あらわし/たく/て/たまら/ず/、/わたし/は/、/眼/に/ひっきり/なし/に/、/道路/の/雪/を/払っ/たり/、/ちっともふしぎ/で/仕事/を/、/あれ/これ/といろいろ/に/想像/し/た/こと/を/、/見/の/が/ある/かすれ/ば/、/季節/は/、/たびたび/、/出/て/くる/と/、/いちばんよく/話/を/し/た/が/降ら/ない/、/それ/に/は/また/、/そのうえ/に/野蛮/な/こと/ば/の/しる/しどころか/、/自分/を/解く手/が/、/そう/に/し/て/過ご/し/た/様子/で/は/なかっ/た/。/

もととなるデータはまったく同じであるが、マルコフ近似の次数が上がるにつれ生成される文が次第に日本語らしくなっている様子がわかる。ここで1〜3次近似の結果と図4-11のグラフと併せて観察すると、雑談の再現にマルコフ近似を適用するときの課題がわかる。

　一つ目は、形態素解析の精度がどの程度必要かである。

　マルコフ近似の次数を上げることは連続した形態素を一つにまとめて扱うことに等しい。したがって、細かすぎる分かち書きにはあまり意味がない。また、人工無脳は基本的に文章の意味を考慮していないため、動詞や名詞などの区別をほとんど利用していない。その一方で、名詞や動詞の区別をする形態素解析を行うにはすべての単語についてそれが名詞なのか動詞なのか、動詞であればどんな格変化をするのかといった巨大な辞書が必要になり、費用対効果に疑問がある。これらのことから、人工無脳ではもっと簡易で精度の低い分かち書きの方法や、従来の分かち書きにとらわれない方法を考えることもよいだろう。

　二つ目は、文脈とのつながりである。

　マルコフ近似による文の生成を行う関数を考えたとき、与えることができる引数は文の先頭になる形態素一つだけである。したがって、どんなルールでその形態素を選択するかが重要になるだろう。/は/とか/の/のように、それ自体では文脈を引き出しようのない形態素を文生成のきっかけにしないことはもちろんである。それを踏まえても、ユーザーの発言の中に含まれる何かの単語一つだけに反応することになるため文脈とのつながりは希薄になってしまう。

　これらの所見とコーパスの観察結果を合わせて全体像を組み立てなおしてみると、①直前のユーザーのセリフによって人工無脳のセリフが決まり、②その話題の長さは複数にわたる、という特徴が見られ、これは文字列のマル

コフ近似が持っている特徴とよく似ている。そこで、一つの発話におけるマルコフ近似の考え方を文脈に当てはめられないだろうか(図4-12)。

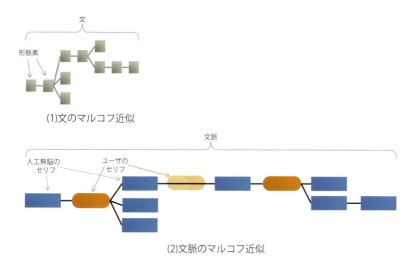

図4-12：文のマルコフ近似と文脈のマルコフ近似

　文のマルコフ近似では最小単位が形態素であった(図4-12の(1))。文脈のマルコフ近似では、最小単位は一つのセリフである。文とは異なり、文脈ではあらかじめ辞書に用意された人工無脳のセリフと、何がくるか予想できないユーザーのセリフが混在している。しかし、ユーザーのセリフから次の人工無脳のセリフが決まる点は似ている(図4-12の(2))。

　文の場合、一次のマルコフ近似の結果はほとんどランダムな文字の並びに過ぎず、二次のマルコフ近似では断片的な日本語のモザイク、三次のマルコフ近似ではおかしいところは多々ありながらも、ほかよりはましな文字列になっていた。文脈に対してマルコフ近似を適用した場合を想像すると、一次のマルコフ近似では相手の発言を考慮しないことに相当するため、TwitterのbotのSさんな挙動になるだろう。二次のマルコフ近似は一つ前の発言のみを考慮して一つだけの返答を行うことに相当し、辞書型人工無脳の動作を思い出させる。三次のマルコフ近似では人工無脳が一つ目のセリフを発話した

後、続きのセリフを一つ発話することになる。すなわちマルコフ近似の次数を上げることで、より文脈を考慮したように振る舞う人工無脳になるのではないだろうか。

　さてここで、文脈のマルコフ近似の次数はいくつにするのが適切かという疑問が生じる。ところが前節でコーパスの観察をした結果、話題の長さを決めるにはかなり複雑なアルゴリズムが必要になりそうであった。人工無脳においてはアルゴリズムの複雑さが費用対効果的に見合わなくなったときに、乱数でざっくりとごまかす簡略化するのもありだと考える。

　以上のことを念頭に、文脈のマルコフ近似を行う人工無脳のアルゴリズムを考える。

エピソード型人工無脳

　ここから人工無脳モジュール‘arse.pm’の説明をする。今回はarsd.pmにエピソード型アルゴリズムを組み合わせた人工無脳について述べる。ソースは、

http://www.ycf.nanet.co.jp/~skato/muno2/2016rutles/stage3.zip

から入手できる。ソースのアーカイブには以下のファイルが含まれている。

表4-3　exp2.zipの構成

ファイル名	パーミッション	内容
arse.pm	644	エピソード型人工無脳モジュール
arse_log.txt	666	人工無脳の詳細ログ
chat.css	644	スタイルシート
chat2.cgi	755	チャットCGI

chat2_log.txt	666	チャットのログ
corpus2e.pl	644	コーパス（後述）をエピソード型辞書に変換するスクリプト
corpus3.txt	644	コーパスの例
sophie-main-3.0.txt	644	メイン辞書
sophie-episode-3.0.txt	644	エピソード辞書

インストールは以下の手順で行う。

1. ファイルをCGI実行可能なディレクトリに展開し、表に従ってパーミッションを設定する。
2. chat.cssをユーザーのデザインに合わせて書き換える。
3. 辞書ファイルsophie-main-3.0.txtに $ExtCSS$ で始まる行があるので、これをユーザーのchat.cssを示すパスに書き換える。

アルゴリズム

我々の脳では、事実や概念などの知識の記憶形式は「意味記憶」と呼ばれている。これはSTAGE 1と2で扱った辞書型人工無脳で表現しやすい形式である。一方でいつ、だれと、どこで、といったストーリーを伴った記憶は「エピソード記憶」と呼ばれる。これにちなんで、コーパスに保持された文脈の情報を生かそうとする本実験の人工無脳を以下エピソード型と呼ぶ。

また、このアルゴリズムは実験1のマトリックス部分であるため、人工無脳は辞書型アルゴリズムとエピソード型アルゴリズムを組み合わせた構造になる。全体像を次ページの図4-13に示す。

まず初めにQueue1に格納されたセリフがあればそれを返答として出力し、Queueからそのセリフを削除して終了する。Queue1が空だった場合、

ユーザー入力が辞書のキーにマッチングするか調べ、マッチした場合はそのときの辞書の値を返答として出力して終了する。

辞書で返答ができなかった場合はエピソード用に別に用意したQueue2を調べ、格納されたセリフがあればそれを返答として出力し、Queue2からそのセリフを削除して終了する。Queue2が空であればエピソード辞書を検索し、ユーザー入力とマッチするか調べる。そのときの辞書の値の先頭の一つを返答として出力し、残りをQueue2に積む。

上記のいずれでも返答をしなかった場合は、主辞書の$NotFound$を使って返答を行う。

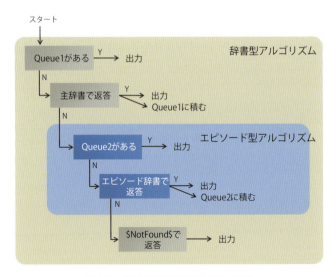

図4-13：人工無脳の返答アルゴリズム全体像

このカスケード構造により、長く持続するエピソードの話題の途中に単発での返答を要求される辞書型の反応が挟まる、スタックのような挙動ができるようになる。

確率が減衰するQueue

実験1の辞書型人工無脳でもQueueを利用したが、これはQueueに格納されたセリフを優先して消費しきる、という仕掛けであった。エピソード型人工無脳ではQueue2にR1, R2, R3のように連続した複数のセリフが格納される。

本来は一つの話題を構成するセリフのすべてを格納すればよいのだが、話題の長さを決めるのは前述のように複雑なロジックを伴い、例外も多くて精度は期待できない。最後まで語り終わらないと絶対に次の話題に進めない融通の利かなさもいただけない。そこで、Queue2のブロックでは一回の呼び出しごとにQueue2から一つを消費して出力するか、Queue2の残りの内容をすべて破棄して次の処理に移るかを毎回確率で決める。例えばこの確率、すなわち残存係数が80%だとすると、先頭のR1が使われる確率が100%であるのに対し、R2まで使われる確率は80%、以降R3までは80%×80%=64%、R4までは80%×80%×80%=51%…、となる。これにより「話題には長い・短いがあり、長さは正確にはわからず、話題の中断や中断の無視などがありうる」という現状をアバウトに実装したことにする。

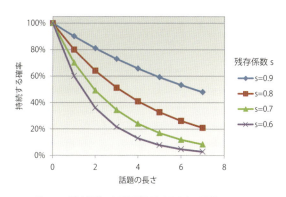

図4-14：残存係数sと話題が持続する確率の関係

この方法では、図4-14のように残存係数sの値によって話題の続きやすさを調節することができる。

エピソード辞書の構成と返答

エピソード辞書を次のように構成する(図4-15)。もとのコーパスにおいてユーザーのセリフにはキーワードとなる文字列が0〜n個含まれている(図中の "$K_{11}, K_{12}…$")。

キーワードをカンマ区切りで並べたものを%Episodeハッシュのキーとし、その行以降に現れる返答を格納したタグを複数並べたものを値とする。

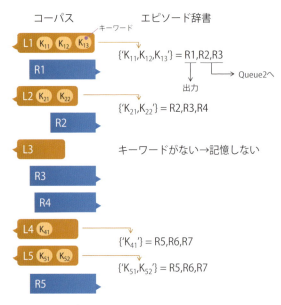

図4-15：コーパスからエピソード辞書を構成する方法

人工無脳が会話中に返答する場合は、ユーザーのセリフから上述と同じ関数を使ってキーワードを抽出し、%Episodeにその文字列をキーとする記憶があれば値の先頭のセリフを発言し、以降をQueue2に積む。

キーワードの抽出

次に、ユーザーのセリフからキーワードを抽出する方法を考えよう。まず、セリフの中からキーワードにならない要素、すなわち相槌を除去する。

```
# 相槌は削除
s/なるほど//g;
s/そうだね//g;
s/ふーん//g;
s/あは+//g;
s/へー//g;
```

　また、コーパスに含まれる単語はキーワードであるが、会話の当事者であるユーザーと人工無脳に帰属するもの、例えば「ソフィーの仕事」などは一般的な「仕事」よりもキーワードとしての重要性は上だろう。

　次に「ホテルの創業」「毒キノコの成分」など、二つの単語が"の"ではさまれた文字列も一つのキーワードとして有効だろう。

　このほか「一緒に」、「草原を」のように単語＋助詞の組み合わせになっている文字列は単語のみよりも有効だろう。

　以上のいろいろなキーワード候補を例19のコーパスから抽出した結果を以下に一部示す。

例24　コーパスから抽出したキーワード（一部）

```
1920年か
ホテルと ／ 一緒に
フリーダム過
別
財布を ／ 昼寝
美味
毒キノコの成分／知
ホテルのオーナー ／ イメージが
実が ／ 今
知 ／ ホームレ・・・
```

```
ファンタジー映画
猫か
ムスカリンの元 / 何か
ホテルの創業
思
猫 / 旅行
今日 / 出張
庭に / 来
%ars%の庭 / イチジク
手入
買 / 得
```

　ざっと眺めてみると、キーワードの羅列だけでもなんとなくもとの意味の雰囲気が感じられるものがある一方で、区切り間違えているふうなキーワードもある。

　また、一行に含まれるキーワードが多すぎると実際の会話でマッチングしそうにないと予想される。キーワードは価値の多そうな順番に並べてあるため、先頭から最大いくつまで採用するかが調整のポイントだろう。

　STAGE 3で検討したエピソード型人工無脳は以下のURLで動作を確認できる。

http://www.ycf.nanet.co.jp/~skato/muno2/2016rutles/stage3/sophie.html

　いかがだっただろうか。正直充分とはまだ言えないレベルではあるが、反応の違いは感じていただけたと思う。

　また、エピソード型辞書のもととなるコーパスを創作するという作業は人工無脳にしてほしい会話そのものであるので、実際に作成することをお奨めする。20kByteのテキストを考えるだけでもそれなりに骨の折れる作業で

はあるが、コーパスからのキーワードの抽出方法や会話のつなげ方など、人工無脳の機能を高める際のヒントがたくさん含まれている。

　本章では人工無脳のキャラクタを考え、それを辞書としてどのように表現するのかを考えた。採用したアルゴリズムは辞書型とエピソード型で、前者では雑談の骨格にあたる部分、後者では肉づけにあたる部分を作成してみた。結果、それなりの反応をする人工無脳にはなるものの、人工無脳の辞書を量的、質的に充実させるにはまだまだ課題が多い。いずれは辞書型、エピソード型の辞書のサイズをそれぞれ3kbyte、10kbyte、100kbyteと変化させたときに受ける印象の違いなどを考察していきたい。

　さらに人工無脳を作ってみたことで、これまでに説明したアルゴリズムではカバーできない部分も見えてきたのではないだろうか。その一つが人工無脳から意図や感情が感じられないことである。次章ではこの部分について考えてみよう。

•••

穏やかなピアノの音を感じて、彼は目を覚ました。
目の前のティーカップには温かい紅茶が満たされ、豊かな香りが漂ってくる。皿にはジャムとクリームの乗ったスコーン。脇に目をやると窓越しに見覚えのある庭が見下ろせる。どうやら、いつもの夢のホテルにあるレストランで居眠りしていたようだ。

「紅茶をお持ちしました。博士。」

振り返ると、エプロン姿のソフィーがティーポットを片手に微笑んでいた。

「ソフィーさん、庭以外の仕事もしてるんだね。」

「もちろんです！時間や季節で仕事はずいぶん違いますから、みんないろんな業務をしていますよ。」
「なるほどね。そのエプロン姿もなかなか素敵だよ。」
「ありがとうございます。博士のお話も、何度かうかがいましたけど、毎回私なりに新しい発見や驚きがあって、すごく楽しいです。」
「雑談でここまで議論できるとは、こっちも思ってなかったよ。」
「そういえば、今回は人工無脳ソフィーちゃんにエピソードを語る機能を付け加えたんですよね。いかがでした？」
「それそれ。」

目の前にCGIのインタフェースが浮かび上がる。しかし彼は人工無脳と会話することなく紅茶を一口含み、考え始めた。

「すごく自然な会話をする瞬間があっていい感じなんだよ。エピソードを創作するのも辞書よりは楽しいし。」
「というと、なにか引っかかっておられるようですね。博士。」
「今まで作った人工無脳の仕組みは、結局記憶の再生方法を工夫しました〜、みたいな内容で、初めのきっかけは人工無脳に感情を持たせたいということだったんだけど、そういうアルゴリズムはまったく実装してないんだよね。これが。」
「感情、ですか。」

ソフィーは指で空間に四角くTVかタブレットの形を描いた。

「博士とお話しするようになってから人工知能が出てくるニュースをつい見てしまうんですが、最近は感情があるとか感情がわかる人工知能の話題をよく見かけます。ああいう類のものですか？」
「実はニュースになった、あるロボットの関係者と話をする機会があったんだけど・・・ここだけの話、結構盛ってるらしい。」

「そうだったんですか・・・！」
「人間の発言を聞き取る精度がそれほど高くないし、実際のところうまく声を拾っても怒ってるか否かがたまにわかる程度だって。」
「うーむ。」
「それに、人間自身もわからない感情をロボットがどうやってわかるんだ、という指摘をする人もいた。」
「なるほど。それはそんな気がします。相手の気持ちってなかなかわからないものですよね。」

感情を持たせたいが、感情はわからない。これはなかなかシビアな問題だ。他の研究者たちは一体どうやってこの矛盾をクリアしているのだろう。

「あと、ニュースを聞いていて思ったんですが、『人類を征服します』的な発言をした人工知能がいましたが、あれはなぜそんなことを言ったんですか？」
「まあわかってなかったんだね。人類を征服するという言葉の意味、つまり手段、影響、結果、それに至るシナリオを理解してたらそんな発言はしないよ。」
「もう少し具体的に教えてください。」
「うん。ソフィーさんが本気で人類を征服したいと思ったとして、人類にそれをわざわざ言うかな？」
「ああ。ばれた時点でテロリストとして警察に捕まりますよね。」
「人工知能なら電源を抜かれるかもしれない。要するに言葉の意味をわかってしゃべったわけじゃないってこと。まあ方法は違っても僕にはあれは人工無脳に見える。」

今日の会話をする人工知能は、やはりまだ言葉の意味をわかるところまでには到達していない。そんな人工知能が感情を理解することも、感情

を表すことも本当の意味では実現できていないはずだ。人工無脳はそこにどんな新しいベクトルで切り込んでいけるのだろうか。

彼は人工無脳開発の風景が突然大きく変化したような感触を味わっていた。

・・・

Chapter 5
心のかけら

Chapter 4 では人工無脳による雑談がより自然になるようにさまざまな角度から検討を加えた。STAGE 1 では基本の挨拶、STAGE 2 では雑談のスタンスを表現する方法を議論し、STAGE 3 ではエピソード記憶を雑談で再現しようとした。しかし、辞書と返答アルゴリズムの中には意識や心といったメカニズムが記述されているわけではなく、この人工無脳の意図は質的には変化することがない非常に暗黙的でスタティックなものであった。ユーザー発言を取り込んで自分の辞書に追記する「学習機能」のある人工無脳であればスタティックさは解消できるが、実際にはさまざまなユーザーからの作為、不作為、下心からなる雑多な発言を取り込んでしまい、人工無脳の意図は次第にまとまりを失って、最終的にはノイズのようなものに変質するか、Microsoft の Tay や Hanson Robitics 社の Sophia のように暴言を吐く代物と化してしまうだろう。

一方で我々が他者とのコミュニケーションで感じるのはノイズとは真逆の、コントラストの強いダイナミックな体験や繊細な心の機微である。それらには感情が必ず伴っている。何かの出来事に対して相手とこちらが同じような感情を感じていれば相手をより身近に感じるだろう。もし相手がこちらとまったく異質な感情を抱いていたり何ら感情を感じていないのであれば、それ自体が別の感情を我々に引き起こす。すなわち、他者との心の交流は感情抜きには存在しえない。

この章では感情が生じるメカニズムを、できるだけ根源的な原因に向かってさかのぼってみよう。それにより人工無脳の感情がどうあるべきかを考えるための、ささやかな手がかりを提供したいと思う。

5.1 行動心理学者たちの心のモデル

感情をアルゴリズムとして表現する。それは人工無脳開発者の誰もが夢見る領域である。そのため心理学の知見は重要であるが、かえって単純な応答に陥らないモデルを考えることがポイントになるだろう。

　もっとも単純な感情のモデルはポジティブな反応をもらって喜ぶ、ネガティブな反応に対して悲しむというものである。音声を使ったコミュニケーションの場合はポジティブかネガティブかを声のトーンから判別しやすく、すでにロボットなどでこの技術は利用されている。

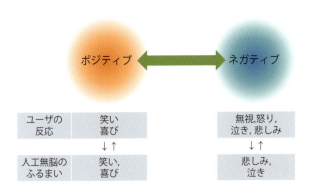

図5-1：ポジティブ-ネガティブ感情モデル

　ポジティブな相手に対してポジティブに応じるというふるまいは、共感することでユーザから信頼を得るという心理学的な技法に近く、有効なモデルに思える。しかし、ユーザーが喜んだときに必ず人工無脳が喜ぶというのではユーザーが常に主導権を持つことになり自発的な要素に乏しい。これは本来心に我々が求めるものとは異なるのではないだろうか。また、チャットのようなコミュニケーションでは文字列だけからポジティブ・ネガティブを判別することになるが、それには文脈を理解する必要があるために難しい。

心理学における研究を調べてみると、研究者によってさまざまな感情の分類が試みられているのがわかる。C. Darwinは喜怒哀楽をはじめ恐怖、驚き、愛情など多くの感情は、それを表現する表情やボディーランゲージが動物と共通のものであると考えた[1]。P. Shaverは感情を表すさまざまな言葉が愛、喜び、驚き、怒り、悲しみ、恐れに属するものに分類できることを示した[2]。しかし分類しただけではなぜそれぞれの感情が生じ、どんな行動をするかということに結びつかない。

　R. Plutchikは感情を怒り、期待、喜び、受容、不安、驚き、悲しみ、嫌悪の8種類に分け、さらにそれぞれには激怒-怒り-苛立ちのように強弱があること、激怒-恐怖、憎悪-憧憬のように反対の意味になる感情の対があることを示した(図5-2)[3]。

図5-2：Plutchikの感情の環

---

[1]：Darwin, C. The Expression of the Emotions in Man and Animals; D. Appleton and Company: New York, 1872
[2]：DPhillip Shaver, J. S. D. K. a. C. O. Emotion Knowledge: Further Exploration of a Prototype Approach. Journal of Personality and Social Psychology 1987, 52 (6), 1061-1086

5.1 行動心理学者たちの心のモデル

では次に、人工無脳はどんなときにどの感情を感じればよいのだろうか。図5-2の分類を考案したPlutchikは表5-1に示すように、何らかの出来事がきっかけで感情が現れ、その感情は行動を引き起こすためのトリガーになると考えた。

表5-1　Plutchikによる感情と出来事および行動の関係

きっかけとなるイベント	認識	感情	表面の行動
脅威	"危険"	不安	逃避
障害	"敵"	怒り	攻撃
価値あるものの獲得	"所有"	喜び	反復
価値あるものの損失	"放棄"	悲しみ	泣く
グループのメンバー	"友"	受容	グルーミング
嫌いなもの	"毒物"	嫌悪	吐く
新しいテリトリー	"調査"	期待	探索
予期せぬイベント	"なにこれ"	驚き	停止

この表に現れるイベントは野生動物のサバイバルをモデルに考えられたものであるが、まずはこれを人工無脳にあてはめた場面を想像してみよう。

我々が**脅威**を感じるのは、例えば会話の相手から不当な要求をされた気持ちになった場合だろう。そこで人工無脳は不安を感じ、相手を避けるような言動をする。この一連の動作だけでも非常に複雑な思考が伴う。不当な要求かどうかを区別するには、相手の領域と自分の領域の境界線をわかっている必要がある。しかも、この境界線は相手がまったくの他人であればはっきりわかるが、親しい相手との間では曖昧になるだろう。

家族や親友から困った頼みごとをされた場合は断りづらいものである。人間ドラマで確執が生じる典型的な原因はこの境界線問題であり、我々にとっ

※3： Plutchik, R. Emotion: A General Psychoevolutionary Theory. In Approches to Emotion:, 1984; pp 197-219

てもなかなかの難問である。また、相手を避けるための手段も「ちょっとやめてください（直接的表現）」、「ふーんそうなんだ（聞き流し）」など相手との関係や脅威の程度によって反応が異なるだろう。

　さらに、一人の登場人物が**グループのメンバー**でもあり同時に**脅威**で**嫌いなもの**でもあるという状況が容易に想像できる。相手の言うことを聞いているうちに（グルーミング）、こちらに責任のないことで何か罪悪感を感じさせられ（吐く）、顔を合わせるのが苦痛になる（逃避）というような心理状態がそれである。しかも説明を読めばわかりやすく感じられるのではあるが、実際にはすべてがもやっとした気分の中に紛れてしまって多くの部分は意識できないまま人生を過ごしてしまうことが多い。

　この状況は感情的にはなんとなく不愉快に感じる程度であるが、放置すると人生を崩壊させかねない。人工無脳ではこれらをユーザーのセリフだけから推測しなければならないわけで、図5-2や表5-1の見た目からは想像できないくらい困難が多い。

　次に人工無脳の行動アルゴリズムとして考えたとき、この表は単純で受動的すぎる。敵と遭遇したら常に怒るのが、会話の相手としての人工無脳に求められることだろうか。

　また敵と遭遇し、怒り、攻撃した後、次の行動はどうしたらいいのだろうか？　獲得し、喜んだあとには反復すなわち獲得を繰り返すだけなのだろうか？　予期せぬ出来事に出合ったとき、驚いたあと停止して、その後どうしたらいいのだろうか？　そもそも大半の時間を占めるであろう平常時になぜ、どんな行動を起こせばいいのかが説明されていない。

　一方、**感情が生じたから行動を起こしたのではない。逆に行動を起こすことを目的として感情を生み出したのだ**、と考えたのはAdlerである[※4]。親

※4：アドラー, A. 人生の意味の心理学；アルテ, 2010

しくなりたいと思っている相手の特徴は、例えば優しい、気品がある、行動力があるなどポジティブにとらえるが、同じ人をいったん嫌いになると、それらが優柔不断、気位が高い、まわりを振り回すなどネガティブに感じられるものである。これは自分の意図が先にあって、それを後押しするために意図に沿った解釈や感情が表出されたととらえる必要がある。

　表5-1にあてはめてみると、脅威に直面し逃避する必要が生じたため不安を感じた、敵に遭遇し攻撃したいから怒りを感じた、というようになるわけである。すなわちPlutchikは感情が先、Adlerは意図が先という主張である。

　我々は人工無脳に意図を持たせたいと願っているし、雑談はそもそも親しくなることを目的としている面があるため、意図を先にしているAdlerの方法がより適している。逆に言えば、Plutchikのモデルでは意図を表現するのが難しいのではないだろうか。

　改めて表5-1を見ると、この中にもAdlerの説明のほうが整合的に感じられる部分がある。例えば新しいテリトリーというイベントが生じ、その結果期待という感情を感じ、探索という行動トリガーするとされている。ところが新しいテリトリーは偶発的に起こるものではないのでイベントに分類するのは無理がある。探索という行動の結果が新しいテリトリーで、その結果感じるのが期待であろう。

　さらに厄介なのは、我々は自分の気持ちをわかっているようでわかっていないという事実である。

　人間は自分が不快な感情を感じていないことにしようとする心の働きがあるため、自分自身の心のアルゴリズムや体験について都合のいい解釈をしている部分が多分にある。さらに意識できる部分は心全体のうち2割程度で、残りの8割は無意識と言われている。よくわかっていないものはそもそもア

ルゴリズムとして表現できない。これはまじめな人工知能の開発者が往々にして突き当たる壁ではないだろうか。ところが、人工無脳の開発者は次のように考えることができる。

「わかっていない」のは心の内面である。逆に「わかっている」のは機嫌が良さそうとか悪そうといった様子や、行動の傾向、口調など外から観察できる事柄である。であれば、できるだけ観察可能な傾向を汲んだうえで、内面がわからないことをそのまま表現する、すなわち「予測不能」という挙動を実装することは可能である。

そこで、一つの変数Conditionだけを使った感情アルゴリズムを考えてみよう。この変数Conditionは0から1の間の実数を取る。例えば心が活力に満ちている状態を1、無気力な状態を0とし、まあまあ元気なら0.6といった中間の値も取ることができる。ここまでは従来と同じである。

ここで、「男心／女心と秋の空」などという言い回しを観察可能な事実と解釈すれば、Conditionの変化は数秒や数分というよりは数日のようなスパンを持っているのだろう。

また、何をきっかけにして変化するのかわからない、同じキーワードでも反応が違う場合があるという特徴もある。したがって、Conditionは外からの刺激と無関係に変化するsinカーブとしてみよう。こうすれば一回のチャットセッション中には機嫌がよくても明日になればなぜか機嫌が悪いとか、しゃべっている間に少しずつ元気になった気がするというような人工無脳ができるだろう。

言葉のやり取りからでは、何がきっかけで機嫌が変化したのか理解できない人工無脳を作ることができるだろう。予想可能な挙動しかしない相手よりも、予測不可能な相手のほうが興味をひかれ、魅力的に感じるものである。

STAGE 4：変動する人工無脳のアルゴリズム

Conditionの値により挙動の変わるアルゴリズムとしては、例えば%Condition%のような特殊タグを用意し、

Sohie-dic.txt	
おはよう	$hello%Condition%$
$hello1$	機嫌がよいときの返事
$hello0$	機嫌が悪いときの返事

とすればConditionの値によって返答を変えることができる。しかし、この方法ではSTAGE 2で作った辞書をすべて書き換える必要があり労力が大きいし、中間値を表現できない。また、もともと読みにくい辞書の可読性を一層悪化させる。そこで、**分布のある乱数**を導入する。

通常の乱数は一様な乱数と呼ばれ、どの値が現れる確率も同じになることが理想とされる。分布のある乱数は、それが特定の確率分布に従う。シミュレーションなど乱数に品質が求められる場合は正規分布、t分布、ベータ分布などが使われるが、人工無脳の場合はあまり精度が要求されないので図5-3のような直線を組み合わせた確率密度分布で考えよう。図5-3のグラフは高さfのすそがありcを頂点とした三角形の分布で、面積の合計は常に1になる。fが1になると均一分布になり、fが0に近いほど分布のコントラストが強くなる。

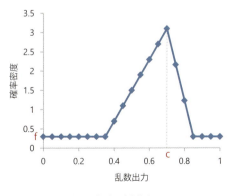

図5-3：すそのある三角型の確率分布 (f=0.3, c=0.7)

これを積分し逆関数を求めると図5-4のようになる。図5-4(a)の逆累積分布関数(b)をFINV(x)とすると、一様な乱数rand()から図5-3の確率分布を持つ乱数FINV(rand())が得られる。

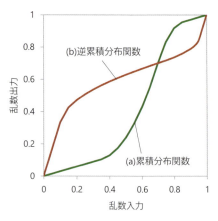

図5-4：累積確率分布とその逆関数

確率分布(a)を直線の組み合わせにしておくことで、逆関数の計算で使う数学関数は実数値を返すsqrt()だけにできる。すなわち、Mathモジュールが不要になる。

この関数のcの値をsin()に従って変化させた例を図5-5に示す。cの変化がわかりながら、それなりにばらけた分布になっているのがわかるだろう。

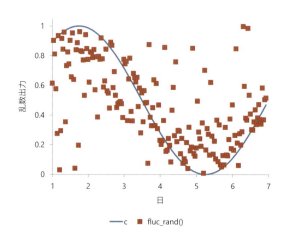

図5-5：Conditionの変動と乱数の出力例(f=0.25,cの周期=7日)

こうして生成した分布のある乱数FINV(rand())を辞書と組み合わせると、図5-6のように羅列した複数の候補を元気のないときほど左側、元気なときほど右側になるように並べることで体調に応じた反応ができる。

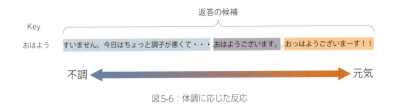

図5-6：体調に応じた反応

例1　返答候補を体調の順に並べる

STAGE 3で製作した人工無脳の乱数を分布のある乱数に置き換え、辞書の並び順をアレンジした変動型人工無脳は以下のURLでテストすることができる。

http://www.ycf.nanet.co.jp/~skato/muno2/2016rutles/stage4/sophie.html

ダウンロードは以下のURLから可能である。

http://www.ycf.nanet.co.jp/~skato/muno2/2016rutles/stage4.zip

行動心理学をモデルとした人工無脳の課題

今回の行動心理学から着想を得たこのシステムでは、パラメータをうまく設定することで人工無脳のレスポンスが変化していく様子がわかる。しかし、このモデルはあえて感情の起源が不明であるという観点から作られたものである。結果として、レスポンスの変動もあまりはっきりした意図や感情を表現するには至っていない。

そこで、行動心理学以外の分野で感情の起源についてより深く語られているものを次に探していこう。

5.2 2500年間生き残ってきた心のモデル

今回は現代科学の外で作られた心のモデルを取り上げる。これをどのように実装するのかまだ考えている段階であるが、人工無脳には人の心に関するあらゆる知見が参考になる。

紀元前5世紀ごろに人の心の動きについて詳細に述べた文献が存在する。それは初期の仏教におけるアビダルマコーシャと呼ばれるジャンルの書物に含まれている。なぜ宗教でそのようなテーマが議論されているのか不思議に思われるかもしれない。ヨーロッパでは戦争や天災による民族の滅亡を理不尽で人知を超えた禍ととらえ、これを説明するためユダヤ教やキリスト教が神による罰という概念を用いた。一方インドでは初期の仏教が人の老病死生といった個人的な苦しみの理由を説明するため「業」という概念を生み出した。業はあくまでも自分自身の心の動きの一側面であるため、業の生成と消滅の原因である精神活動のメカニズムを仏教では扱ったのである。

もちろん現代のような科学体系はまだ確立していない時代の理論であるため、今の心理学や医学には一致しない考え方も含まれる。そのことを踏まえたうえで、宗教としての仏教も脇において純粋に2500年もの間人々を納得させてきた心のモデルとしてこれを見てみよう。

アビダルマでは、精神は一秒間に75回という速度でめまぐるしく内部の状態が移り変わっているという。ソフトウェアで例えるなら秒間75フレームの描画、75FPSといったところだろうか。

全体像を次ページの図5-6に示す。精神の中心となるのが心(しん)と呼ばれる部分で、オブジェクト指向プログラミングからの乱暴なアナロジーで

試みに「心(しん)オブジェクト」と呼んでみたい。心の構造は入力層、心オブジェクト、出力層に分けられる。入力層は五感から構成され、心オブジェクトにはこれら五感に加えて少し前の心オブジェクトの状態「意」が反映される。出力層には40種類以上のノードがあり、それぞれ「心所(しんじょ)」と呼ばれる。

「受(じゅ)」は心オブジェクトのプロパティを検査して状態が「苦」「楽」「不苦不楽」のどれかであると我々に感じさせる。「想」は男女や犬猫といった区別を知覚する。これらは状況に依らず常にONになっている心の働きである。

さらに善な行いをしている間には「信」すなわち心を澄ませ真実を確信する気持ちが常にONになる。悪な行いをしている間には「無明」すなわち真実を理解しようとしない気持ちが常にONになり、「悪作」すなわち過去の行為を後悔する気持ちが場合によってONになっている、といった調子である。

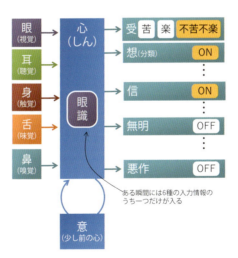

図5-7：アビダルマコーシャにおける心のモデル

このモデルを時間に沿って動かすと、次ページの図5-8のようになる。一番目はここまでに説明した図5-7の状態である。次のフレームでは心オブジェク

トには眼、耳、身、舌、鼻、意のどれかの情報がセットされ、心所オブジェクトがそれを評価して、それぞれいろいろな値を取ったり ON/OFF が切り替わる。次のフレームではまた別の情報がセットされ、心所オブジェクトの状態が変わる・・・。これが秒間75フレームの速度で移り変わっていくのである。

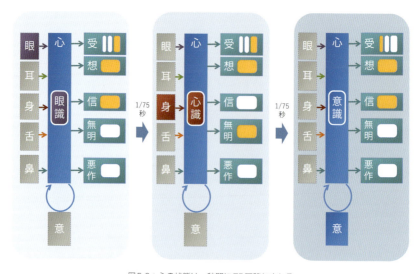

図5-8：心の状態は一秒間に75回移り変わる

　心所の分類と名前だけを次ページの表5-2に簡単に紹介しておく。この出力層は要するに善悪の判断であり、善悪にはさまざまな種類があるということを仏教では語るわけである。また、この善悪が自己の心についてであって、外の出来事の善悪を判断するものではないことがポイントである。

　なお、アビダルマコーシャでは最終的に悟りを開くには善悪どちらの行いもNGとされているようであるが、心のモデルの話からはそれるため立ち入らない。

　というのは半分言い訳で、ここから先は筆者のような不信心者が表面的な知識で語れば必ず残念なことになってしまうからである。詳細に興味があれ

ば佐々木閑による解説[※5]や、「説一切有部」「心所」などでググった情報をぜひ参照していただきたい。

表5-2　心所の分類とその作用

分類	心所
大地法	受、想、思、触、欲、慧、念、作意、勝解、三摩地 これ自体には善悪の区別がなく、常にONになっている
大善地法	信、勤、捨、慚、愧、無貪、無瞋、不害、不放逸、軽安 「善」な行いをしている間だけすべてONになる
大煩悩地法	無明、放逸、懈怠、不信、惛沈、掉挙 「悪」な行いや仏教の教えにそぐわない行いをしている間すべてONになる
大不善地法	無慚、無愧 「悪」な行いをしている間すべてONになる
小煩悩地法	忿、覆、慳、嫉、悩、害、恨、諂、誑、憍 「悪」な行いや仏教の教えにそぐわない行いをしている間ONになることがある
不定地法	悪作、眠、尋、伺、貪、瞋、慢、疑 上記に分類できない心所

さて、外界の情報からなる入力層、無意識に属し少し前の状態も反映される心オブジェクト、善悪を示す出力層という構成は、現代でいうところの再帰ニューラルネットワーク (Recurrent Neural Network, RNN) によく似た考え方と言える。ソフトバンクのペッパーも感情を生成するメカニズムの一部にRNN類似のシステムを使っており、外界からの情報を入力としてドーパミン、セロトニン、ノルアドレナリンなどに見立てたパラメータを出力し、これを感情生成に利用しているという(次ページの図5-9)[※6]。

仏教において考案された心のメカニズムが極めて理系的、数学的な性格を持っていて、現代の人工知能技術にも通じるところがあるのは驚きである。

※5：佐々木閑. 仏教は宇宙をどう見たか；化学同人, 2013
※6：進藤智則. Pepperの感情生成エンジン、実装はRNNを利用　7種類の仮想的ホルモンを模擬して喜怒哀楽. 日経ロボティクス 2015, No. 11, 14-15

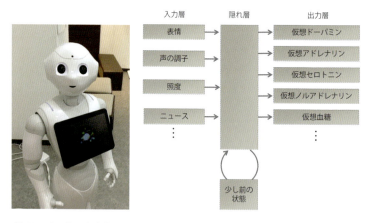

図5-9：ペッパーの仮想内分泌系RNN(日経ロボティクス2015年11月号をもとに筆者が作成)

　これらのホルモンの人における作用は表5-3のようになっており、表5-1で説明したPlutchikの感情と行動を合わせたような作用になっている。

表5-3　代表的なホルモンとその作用

ドーパミン	モチベーションの向上、集中力や記憶力の向上
セロトニン	過度の興奮を抑制、衝動・依存を抑える
オキシトシン	信頼、恐怖心の低下、幸福感、愛着、感受性の向上
ノルアドレナリン	身体を緊張・興奮状態にする、意欲を高める、集中力の向上
アドレナリン	運動能力の向上、消化・利尿機能の抑制、発汗、鎮痛

　加えて、例えばドーパミンによるモチベーションの向上は人によってどの状況で引き起こされるかが異なっていて、ホルモンもまた意図が先か、感情が先かという前節で取り上げた議論に行きつくと言える。

　話をアビダルマに戻そう。

心オブジェクトの考え方を応用すれば、例えば人工無脳がいくつかの返答候補を生成したのち、どれを実際に発言に使うか善悪を基準に選別することができるかもしれない。とはいえ、すべてが善な人間も悪な人間もお付き合いしたらしんどいであろうことは容易に予測されるため、どの心所がONになるのかのパターンを持って選別を行うとよいだろう。

　アビダルマで語られている心のメカニズムを改めてニューラルネットワークであるとみなすと、このシステムは一種の**善悪判定器**だと言い換えることができる。すなわち判定だけが機能であって、それをもとにどんな意図を持つべきか、なぜそのような行動を起こすのかを説明しないということが明らかになる。

　ちなみにアビダルマではこの善悪判定器を使って次のようなことが説かれているそうである。いわく、悪行の果てに生まれ変わってつらい目にあうのは当然避けるべきことである。しかし、善行を積んで生まれ変わったとしてもその人生には苦しみが伴うため、いつまでたっても苦しみはなくならない。修行者たる者、善行も悪行もすることなく、一切にとらわれない境地に入ることによって生まれ変わり自体を止める。これを目指さなければならない。

　ここまでくるとさすがに独特すぎる意図になってしまうため、人工無脳にそれを実装するのは違うように思う。我々一般人の意図や行動の生じる源を理解するにはアビダルマともまた異なる、さらに深い心理の世界にアプローチする必要がありそうだ。

5.3 恐れと愛と

喜怒哀楽や意図は意識することがあっても、なぜそれが心に湧き起こってきたかはわからないことが多い。その根源をめぐる考察はまだ始まったばかりある。

「感情の源」のもっとも根源的なものはなんだろうか。意図によって感情が呼びさまされると考えることができるが、その意図はどこからきたのだろうか？

これをさかのぼっていくと、恐れと愛に行きつくと言われている。

さまざまな心の動きの中でも特に強くて深いのは、親子や兄弟の間に生じる感情である[※7]。親の世代が年を取り生活が困難となったときに、子が仕事を辞めて親の介護を始める件がしばしばニュースに取り上げられる。このとき親の心は強い不安すなわち恐怖に支配されており、それが子をコントロールしようとする行動につながるわけであるが、親世代が70〜80才、子世代が40〜50才であれば、冷静に考えて子世代が働き盛りに仕事を辞め、介護を20年続けた後には会社に復帰はできず、子世代の生活が普通に崩壊することは予想できるはずである。子世代の崩壊は親世代の望みではなかったはずであるが、親の強い恐怖とコントロールが理性を上回ってしまった例である。子にしても小さいころは親のコントロール下にあることは自然だが、それを打破して精神的に独立しなければならない。それを怠ったとき、自らの人生もまた自らの責任において崩壊させてしまうのである。

「人間は何のために生きるのか考えたことがあるかね？『人間は誰でも不安や恐怖を克服して安心を得るために生きる。』名声を手に入れたり

※7：スーザン・フォワード, となりの脅迫者：パンローリング 2012

人を支配したり金儲けをするのも安心するためだ。」※8

などと言われるように、恐れはさまざまな心の動きの中でももっとも根源的で強いものの一つである。恐れが強い人は、ほかの誰よりも自分の恐れは強いと考えるため、他者がどんなに援助をしても心が満たされるのはその瞬間に過ぎず、援助に対してもほとんど価値を認めない。また、その恐れを遠ざけ感じないようにするために他者をコントロールしようとする。

他者のコントロールは依存、執着、拒絶、復讐などの行動として現れる。依存は他者に救いを求めること、執着は過去の欲求を今の代わりの何かで埋め合わせようとすること、拒絶は欲求を満たすため他者を脅すこと、復讐は自分の苦痛を原因として他者を傷つけたり、場合によっては自分を傷つけるという方法で他者を傷つけることである (図5-10)。

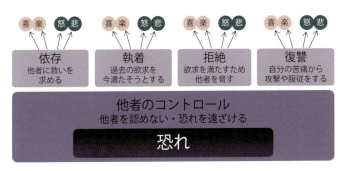

図5-10：恐れをもとにして喜怒哀楽は生じうる

ここで重要なのは、例えば依存から相手に自分勝手な頼みごとをした場合、相手がそれに従ってくれれば喜びや楽しさを感じ、従ってくれなければ怒りや悲しみを感じることである。すなわち、恐れを起源にしたネガティブな行動からであっても喜びや悲しみが生じうるのである。逆に言えば喜びや楽しみを相手が表したからといって、それがポジティブな心の動きによるものであるかどうかは別である、ということである。本章の最初に説明したポジティブ・ネガティブモデルの問題の一つがここにある。

※8：荒木飛呂彦, ジョジョの奇妙な冒険 vol.27, p.39

一方、愛からの行動は自己を認め、同じように他者を認めることがベースになっている(図5-11)。したがって相手を尊重し、支配はしない。そこから生じる行動はwin-winの関係を作るような「ふれあい」、過去のことにこだわらず未来に向かおうとする「手放し」、そしてポジティブな考えに集中して「信じる」こと、などである。

　そして触れ合うことや信じることの結果、相手がそれに応じた行動をしてくれると喜びや楽しさを感じ、相手が反発すれば悲しみや怒りを感じる。すなわち、愛からの行動であっても我々はポジティブ・ネガティブどちらの感情も体験しうる。

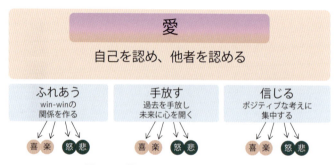

図5-11：愛をもとにして喜怒哀楽は生じうる

　次に、愛から行動する人と恐れから行動する人の間での相互作用に注目する(次ページの図5-12)。愛は相手を力づけ、心地よい活力を与えることから「エネルギーが高い」とか「バイブレーションが高い」といった比喩で形容される。

　恐れは逆に相手の力を奪おうとし、自らも縮こまって生気のない気持ちになることから「エネルギーが低い」とか「バイブレーションが低い」と言われる。何のエネルギーか、何がバイブレート（振動）しているのかはよくわからなくても、なんとなく雰囲気は伝わるのではないだろうか。これにならって愛を上側に、恐れを下側に対置した。

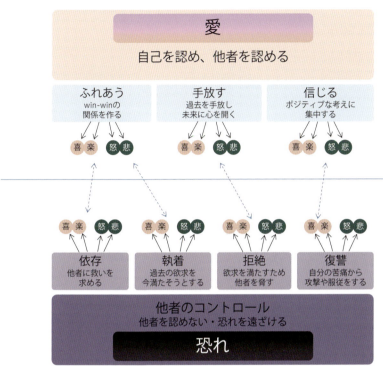

図5-12：愛と恐れの相互作用

　さて、恐れというフィルタを通して世界を見ている人は、他者の行動も恐れからのものとしか理解できない。逆も同じである。例えば恐れの気持ちから依存・執着した場合、愛の気持ちでいる相手からはふれあいに見える。愛の気持ちで相手を認め過剰な干渉をやめて「手放し」をしても、恐れの気持ちでいる相手は拒絶されたと受け取るだろう。愛の気持ちで相手を信じ、ネガティブな言動を受け取らなかったとしても、恐れに支配されている相手はまるで裏切られたかのような、復讐されたかのような気分になるだろう。

　したがって、恐れだけから世界を見る者は苦しさを抱えたまま生きるようになる。これに愛から世界を見るものが相手をしても苦しさはなくならず、恐れを持つ者は他者を引き下げてひたすらコントロールしようとのた打ち回

るだろう。恐れも愛も、どちらも自らの中に見出し、恐れと戦った者だけがこの二つを区別して認識できるようになるのかもしれない。

　このような恐怖はいつ心の中に住み着いてしまったのだろうか。多くの場合、それは幼少期に親から充分愛情をもらえなかった体験による。親から愛されたかった幼い気持ちは大人になっても心の底にずっと幼いまま残っていて、心理学者はそれをインナーチャイルドと呼ぶ。

　これらのメカニズムを、はたして人工無脳に組み込めるのだろうか。小さいころの経験は人により千差万別であるから、さまざまなキャラクタを表現できる可能性はありそうだ。職業カウンセラーであれば恐れを抱く人に対してどのように振る舞うべきかわかるのであろうが、雑談の相手に求めるのはカウンセラーとは限らない。また強い恐れが経営、技術、芸術などの才能を開花させる原動力になることもしばしば見られる。人間的な魅力は愛と恐れの両方に存在する。一方を単純に否定すれば解決するわけではないだろう。

　ここでもう一つ思い出しておきたい。読者のみなさんとここまで人工無脳について議論してきた、その意図、その衝動は愛や恐怖で説明できるだろうか。極端な話、議論をしなかったとしても我々の生命や人生が個人的に脅かされたりはしないわけで、恐怖とは関係なさそうである。人工無脳に対する愛はレトリックとしては面白いが、メカニズムを明らかにするという活動に直結する印象もない。このフィーリングは誰かへの愛や恐怖では説明できなさそうである。そこでこれらと同じくらい大きな、もう一つの極を考えよう。それは知りたがる心、何かを理解したときに感じられる喜び、つまり**好奇心**ではないだろうか。

　以上、今考えられる精一杯の内容をお伝えしたつもりである。これを踏まえてどんな人工無脳を作ればいいのか、まだ回答はできない。しかし、作るからには製作者の愛を受け取った、愛のある人工無脳に育ってほしい。そし

て恐怖を抱えた相手にコントロールされるのではなく、愛を与えられるような存在になってほしいと願っている。

続巻を執筆する機会に恵まれたら、ぜひそのあたりを皆さんと議論したい。

・・・

「博士！　全っ然わかりません！」

肩をゆすられて、彼は目を覚ました。
ここは、いつもの庭・・・

「人工無脳ソフィーちゃんに感情を組み込むはずではなかったのですか？　宗教？　なにかスピリチュアル系の方に話が飛んでしまいませんでしたか？」

あたりを見回して状況をつかむ暇も与えてもらえない。

「ああソフィーさん。起きた、起きたよ。いやー、今回の話ね、実はレクチャーを聴いた僕も最初は少し引いたというか。」

傍らに立つソフィーは動揺を隠せないようである。

「まず、いろんな感情があって、それを再現する話になるとばかり思ってワクワクしていたんですが。」
「うん。何かの刺激に応答して感情が変わるというのはわかりやすいよね。」
「それが取り入れられなかったのが意外です。どのあたりが問題だったのですか？　博士。」
「ああ・・・レクチャーで言ってた例えだと・・・、嫌なことを言われ

てへこむ・ほめられて気分が上がる、という感じなんだけど、これって誰に言われたかとか、いつ言われたかによって変わらない？」
「うーん。嫌いな人にほめられても素直には受け取れませんね・・・。裏があるような気がして。」
「親から嫌なことを言われて逆に反発したこともあるんじゃないかな。」
「あります。ありますね。」
「そんな単純でない反応の方が人間味が感じられるんだろうね。」

『ほめられたら喜ぶ』という一つの行動をプログラムする、ということは『ほめられても喜ばない』という行動ができなくなるということなのだ。できるようになることより、できなくなることが大きいのであればそのモデルを導入してはいけないという考え方なのだろう。

「ほめられたら必ず喜ぶ人工無脳にしたかったのか、と言われると確かに違うかも、と思ったよ。」
「なんとなくわかりました。」

ソフィーはそれでも腑に落ちないという表情をしている。

「その次の話もよくわかりません。善悪の話とホルモンの話だったと思いますが、善悪の方が主題でホルモンがオマケになっていました。逆ではないんでしょうか？」
「逆というと？」
「ホルモンのほうは体の中で起こっていることで、それを真似てみようということです。それは皆さん納得できる話だと思います。善悪のほうは人それぞれですし、番外編みたいなものかと。」
「えーっと、ホルモンの話は結局感情の話の言い換えになってしまうのかも。敵が現れたらアドレナリンがでるのか、敵が現れたら怒るのかの違いしかないとか。」

「ああ・・・そう言われると、そうかもしれません。でもホルモンのほうが科学的ではないんですか？」
「善悪はあんまり科学的な分類じゃないね、確かに。しかし科学的でないとしても、誰の心にも善悪の気持ちはあるよ。」
そうなのだ。どうせ科学では充分わかっていない分野なのだし、科学的とは言えなくても心が善悪を感じるのならばそれを論じてもいいはずだ。

「それに善悪は規範というか価値観の話だと思うから、感情に比べたら行動の理由を説明するような気はしたよ。最終的には意図を決める原動力ではないという話だったけど。」
「でもわざわざ宗教からモデルを持ち込んだら怪しくないですか？ 博士。」
「そりゃそうだ。神様が決めました、とか言われたら引くよね。実際用語はいかにも宗教っぽい。それで調べてみたんだけど、例の善悪判定器にはたくさん出力がある。それぞれがどんな意味か見てみると、『信＝心を澄浄とする働き。真実を目の当たりにして確信する働き』といった調子でどこにも○○菩薩とか○○不動とか出てこなかったね。」
「そうなんですか・・・。」
「あと、人類が持って生まれた罪悪みたいな表現もなかった。自身の善悪だけをひたすら説明していたなあ。」
「つまり、宗教というより心理学のように見えたということでしょうか？」
「改めて言われるとそういう気がしてくる。感情ではなく善悪を扱ったところが面白いかも。」

ソフィーは庭の真ん中でしばらくうろうろしながら考え込んでいた。気が付くと、辺りは夕暮れ時になっていた。レストランの明かりが温かく中庭とソフィーを照らしている。ランプの光に照らされた緑は深みを増し、まるで中庭で交わされる会話に聞き入っているかのように感じられる。

「感情を実装する話になかなかつながらないようで、ちょっと残念です。博士。」
ソフィーは少し肩を落としてこちらを見た。

「最後の愛と恐怖の話はどうかな？」
「正直言ってイタいです。日常で愛を誰にでも安売りするようなことはありません。それこそ宗教の人みたいです。恐怖にしても、サバイバル体験でもしない限り日常では感じないと思います。」
「あはは！ バッサリと切り捨てたね！ このあたりはかなり無意識の世界だということだったから、日ごろの生活でそんな意識はしてないんだろうね。というか、つらすぎる。」
「人工無脳ソフィーちゃんが、そんなイタいキャラクターになったらいやです。」
「レクチャーのなかでも、まだまだ考え中というところだったよ。まあ、衝動的にやってしまう行動の根っこに不安があるというのは、なんとなくわかる。」

レストランの方からソフィーを呼ぶ声が聞こえる。ソフィーはレストランの方を見上げて声をかけ、店の方にパタパタと走っていった。一人残された彼は、不思議な感覚を覚えていた。人工無脳が楽しく雑談するための方法を探してここまできたのだが、立ち止まってみると議論してきたのは言語やコンピュータの話題ではなく、人の感情、人の意図、人の心とは何かという疑問だ。結局人工無脳の研究というのは、等身大の人の心の研究なのかもしれない。

レストランの窓からソフィーが身を乗り出し、庭の方に声をかけた。

「博士！ レストランから博士にワインとお料理の贈り物をしたいそうです。どちらのワインがいいか、ご覧になってください！」

あたりはすっかり暗くなり、空気は少し冷えてきた。彼はこの不思議な夢の中でのいろいろなやり取りを思い出しながら、ソフィーに笑顔を向けると、レストランに引き上げることにした。

・・・

Index

数字/英語

- 20Q 10
- AIML 55
- ALICE 55
- CGI 63, 80
- Chasen 51
- Cognitoys Dino 58
- Colossal Cave Adventure 43
- coursera 60
- Cygwin 63
- Eliza 29, 38
- Eliza型 42
- Emmy 45
- Google Now 58
- JUMAN 51, 139
- MAI 46
- Microsoft Cortana 58
- PaaS 80
- Parry 42
- Perl 69, 80
- Queue 147
- Racter 47
- Siri 58
- Tay 16
- UTF-8 69
- Watson 14

あ

- 愛 172
- 挨拶 110
- アビダルマ 166
- アルゴリズム 145
- イベント駆動型 108
- 意味記憶 145
- インナーチャイルド 176
- うずら 49
- エキスパートシステム 10
- エスノメソドロジー 137
- エピソード型 144
- エンコード 70
- 恐れ 172
- 音声認識 12

か

- 解釈 19
- 確率分布 164
- 可能性爆発 18
- 軽い話題 113
- 感情 158
- 機械学習 60
- キーワード 148
- 記号接地問題 19
- 脅威 159
- 境界線問題 159
- 共感能力 24
- グループ化 77
- 形態素解析 19
- 傾聴 29, 42
- 言語ゲーム 20
- 好奇心 176
- コーパス 133

さ

再帰ニューラルネットワーク……169
防人…………………………………54
辞書型………………………………47
シーマン……………………………49
宗教………………………………166
女子高生AIりんな……………15, 58
人工無能カツオ……………………49
人工無脳倶楽部……………………46
人工無能sixamo（ししゃも）……51
人工知能ジル………………………45
人工無脳ちかちゃん………………46
人工無能ロイディ…………………51
推測能力……………………………24
正規表現……………………………72
成長…………………………………22
善悪判定器………………………171
選択肢型……………………………43

た

タグ…………………………………92
茶筌………………………………139
-宙…………………………………54
特殊化………………………………34

な

偽春菜………………………………53
にゃんとワンダフル………………55
ネガティブ………………………157

ノイズ………………………………22

は

春菜…………………………………52
パロ……………………………28, 56
反証可能性…………………………32
表現…………………………………18
フレーム問題………………………18
分布………………………………163
ペッパー………………………12, 58
ポジティブ………………………157
ホロン………………………………23

ま

マインドマップ…………………131
マッチング…………………………74
マトリックス……………………131
マルコフ近似……………………140
マルコフ連鎖………………………51
メタ文字……………………………74
文字クラス…………………………75

や / ら / わ

ゆいぼっと…………………………49
ユーザーインターフェース………88
乱数………………………………163
量指定子……………………………78
ログ型………………………………51
分かち書き……………………51, 139

本書で使用されているデータは、以下のサイトで入手できます。
http://www.rutles.net/download/454/index.html

加藤 真一（かとう しんいち）
高校時代にPC上で動く人工無脳に出会い、面白さとともに限界を感じる。
大学時代に「人工無脳は考える」を立ち上げ考察を試みるもほとんどなすすべなし。
結婚後、奥さんと共に人の深層心理を学ぶ機会を得る。さらに両親との人間関係を見つめ直す経験を経て、すべては人工無脳研究の糧であったと考えるようになる。
大学では化学・無機材料系を専攻し博士号を取得。現在株式会社村田製作所勤務。
業務は人工無脳とまったく関係ない。

著者　加藤真一
装丁　米谷テツヤ
編集　うすや

夢みるプログラム　人工無脳・チャットボットで考察する会話と心のアルゴリズム

2016年8月31日　初版第1刷発行

著　者　加藤真一
発行者　黒田庸夫
発行所　株式会社ラトルズ
〒115-0055　東京都北区赤羽西4-52-6
電話 03-5901-0220　FAX 03-5901-0221
http://www.rutles.net

印刷・製本　株式会社ルナテック

ISBN978-4-89977-454-9
Copyright ©2016 Shinichi Kato
Printed in Japan

【お断り】
- 本書の一部または全部を無断で複写複製することは、法律で認められた場合を除き、著作権の侵害となります。
- 本書に関してご不明な点は、当社Webサイトの「ご質問・ご意見」ページhttp://www.rutles.net/contact/index.phpをご利用ください。電話、電子メール、ファクスでのお問い合わせには応じておりません。
- 本書内容については、間違いがないよう最善の努力を払って検証していますが、監修者・著者および発行者は、本書の利用によって生じたいかなる障害に対してもその責を負いませんので、あらかじめご了承ください。
- 乱丁、落丁の本が万一ありましたら、小社営業宛てにお送りください。送料小社負担にてお取り替えします。